AF473027

S

PAUL RIVIÈRE

LE

JARDINAGE POUR TOUS

OU

GUIDE PRATIQUE

Des Travaux à exécuter au Jardin potager, fruitier et d'agrément,

Pendant les douze mois de l'année,

CONTENANT UNE LISTE DES MEILLEURS FRUITS ET LÉGUMES A CONSOMMER CHAQUE MOIS

PAR

GAGNAIRE FILS AINÉ

HORTICULTEUR A BERGERAC

(DORDOGNE)

Membre de plusieurs Sociétés horticoles et agricoles de France et de l'étranger, collaborateur du *Journal d'Agriculture pratique* et de la *Revue horticole*, à Paris.

BERGERAC

IMPRIMERIE TYPOGRAPHIQUE DE FAISANDIER

Rue Bellegarde, 18.

1874

LE JARDINAGE POUR TOUS

LE

JARDINAGE POUR TOUS

OU

GUIDE PRATIQUE

Des Travaux à exécuter au Jardin potager, fruitier et d'agrément,

Pendant les douze mois de l'année,

CONTENANT UNE LISTE DES MEILLEURS FRUITS ET LÉGUMES A CONSOMMER CHAQUE MOIS

PAR

GAGNAIRE FILS AINÉ

HORTICULTEUR A BERGERAC

(DORDOGNE)

Membre de plusieurs Sociétés horticoles et agricoles de France et de l'étranger, collaborateur du *Journal d'Agriculture pratique* et de la *Revue horticole*, à Paris.

BERGERAC

IMPRIMERIE TYPOGRAPHIQUE DE FAISANDIER

Rue Bellegarde, 18.

—

1874

AVANT-PROPOS

Le livre élémentaire sur le jardinage que je viens offrir au public de notre région a été écrit dans le but de mettre l'amateur de la ville et de la campagne au courant des travaux horticoles à exécuter dans les jardins pendant les douze mois de l'année. Il est destiné aussi à tous les jeunes gens qui, au sortir de l'école, sont appelés à s'occuper de l'administration de leurs propriétés, et qui ne possèdent ordinairement sur ces questions que des données purement théoriques.

Le Jardinage pour tous enseigne à chacun les travaux mensuels du jardin potager, du jardin fruitier, du jardin d'agrément, des serres et des chassis ; il apprend au plus étranger à la culture le terrain qui convient aux arbres fruitiers, les formes auxquelles on peut les soumettre, la manière de les greffer, et l'amateur embarrassé sur le choix des meilleurs fruits à introduire au jardin et à la ferme, trouvera à chaque mois les noms des variétés de poires, pommes, pêches, prunes, raisins, etc., qu'il devra préférer pour les diverses saisons de l'année.

Enseigner, en un mot, à celui qui, par goût ou par besoin, se livre au jardinage, l'époque à laquelle il faut semer une graine, planter un arbre, un arbuste, une fleur, tailler, greffer avec succès, de manière à éviter le découragement, qui est toujours la conséquence de l'inhabileté, tel a été le but que je me suis proposé en écrivant ce livre. Je serais très-flatté s'il était atteint au moment surtout où l'Etat, comprenant l'utilité du jardinage et l'influence qu'il exerce chez tous les peuples où il est en honneur, vient de doter la France d'une École spéciale d'Horticulture.

CHAPITRE I

INDICATIONS GÉNÉRALES.

Le Jardin potager.

Le jardin potager est un carré de terre plus ou moins long, consacré uniquement à la culture des légumes. L'exposition qu'on doit lui préférer est celle de l'est au sud, et sa position, relativement à la maison, doit toujours être à la portée des dépendances et du service, car il n'est guère de jours dans l'année où l'on puisse se passer de son secours.

L'emplacement étant choisi et le sol totalement défoncé à une profondeur de 0,66 centimètres au moins, on divise le terrain en quatre grands carrés séparés entr'eux par des allées larges de deux à trois mètres, et on entoure chacun de ces carrés d'une plate-bande d'arbres fruitiers complètement détachée, large de 1m33. Les allées principales et les plates-bandes étant fixées, on relève ces dernières à l'aide de la terre que l'on extrait des allées, c'est-à-dire qu'elles sont mises en relief du niveau du sol d'une hauteur de 0,40 centimètres vers le milieu, et disposées en talus sur les bords.

Le milieu de la plate-bande sera ensuite planté de poiriers que l'on soumettra à la forme en palmette-verrier, et que, pour cette forme, on placera à 4 mètres les uns des autres, ou en poiriers quenouille, plantés à 3 mètres de distance au plus. La bordure de l'allée principale sera plantée en pommiers soumis à la forme en cordon horizontal que l'on n'inclinera sur le fil de fer que l'année suivante, et la bordure opposée en vigne de table, soumise également à la même forme, ou bien en groseilliers à grappe et en cassis. Les pommiers seront greffés sur paradis et sur doucin, et, comme la vigne, plantés à deux mètres de distance, tandis que les groseilliers, les cassis, les framboisiers seront placés à 0,66 centimètres les uns des autres.

Si le jardin potager est entouré d'un mur de clôture, on en tirera parti en plantant au pied, des poiriers ou des pêchers que l'on soumettra à la forme en cordon oblique, en observant, entre chaque sujet, une distance de 0,50 centimètres, et un écartement de 0,20 à 0,25 centimètres entre l'arbre et le mur.

Le terrain du potager compris entre les plates-bandes et destiné à la culture des légumes, sera divisé, à son tour, en autant de petits carrés de 8 à 10 mètres dans tous les sens, séparés par de petites allées larges de 1 mètre pour le service, sur les bordures desquelles on plantera l'oseille, les fraisiers à gros et petits fruits, les appétits de Paris, l'estragon, le thym, etc., mais jamais d'arbres fruitiers à haut vent, ces derniers ayant leur place marquée sur les bordures extérieures du jardin potager.

L'eau étant en été un élément indispensable pour la culture des légumes, il sera bon de créer, au centre ou sur un des coins du jardin, un puits et des réservoirs pour les arrosages, car avec de l'eau, des engrais et du soleil, les produits du potager deviennent admirables.

Jardin fruitier.

Un jardin fruitier est un carré de terre attenant ordinairement au potager ou indépendant, spécialement réservé à la culture des arbres fruitiers. Le jardin fruitier réunit à lui seul plusieurs avantages. Bien disposé, il peut jouer le rôle de jardin d'agrément, et satisfaire ainsi l'utile et l'agréable. Comme les arbres que l'on y cultive sont soumis à des formes plus ou moins variées, il peut devenir le passe-temps par excellence des oisifs et être encore une occupation attrayante pour les désœuvrés.

Il est à remarquer que les propriétaires font annuellement une grosse consommation d'arbres fruitiers de toute nature qui, bien distribués, donneraient, sans le moindre doute, beaucoup plus de fruits que n'en exigent les besoins de la maison. Mais qu'en advient-il ? Que ces arbres, envoyés aux champs, finissent par se perdre faute de soins ou sont détruits en partie par les bestiaux, tandis que ceux soumis aux petites formes sont groupés ou plantés dans le potager et périssent ainsi par les labours continuels que l'on exécute autour d'eux pour les besoins du potager. Quant à ceux qui survivent, comme ils se trouvent loin des regards du maître, on ne les taille ni les soigne ; on se contente de les livrer à leur propre sort. Et si, dans cet état, ces arbres donnent quelques fruits, ce sera pendant tout l'été, c'est-à-dire au moment où les poires, pommes, pêches, prunes, raisins, etc., sont partout en abondance et jonchent le sol qui les nourrit. Les propriétaires, ne tenant pas assez compte des variétés qu'on leur fournit, ont, pendant tout l'été, des fruits en abondance, mais aussi, passé le mois d'octobre, ils n'ont plus une poire à manger.

Voulez-vous parer sérieusement à cette incurie et ne plus voir vos arbres disparaître annuellement sans que vous en ayez profité le moins du monde? Voulez-vous avoir sous la main, et cela depuis le mois de novembre jusqu'en avril-mai, des fruits dignes de la table pour votre consommation ? Ecoutez les conseils que je vous donne, et suivez-les si vous les trouvez bons.

Disposez d'un carré ou rectangle de terre, pas loin de la maison, n'ayant pas moins de 20 ou 30 mètres de largeur sur 40 ou 50 mètres de longueur ; choisissez pour cela le meilleur terrain que vous aurez sous la main et faites le défoncer à 0,80 centimètres de profondeur, en ayant soin de faire jeter la terre de la superficie au fond de la tranchée, et celle du fond de la tranchée à la superficie, quoi qu'on en dise. Cela fait, laissez reposer ou tasser la terre ainsi défoncée, pendant une douzaine ou quinzaine de jours. Mais comme alors vous serez peut-être embarrassé pour la distribution de votre terrain en jardin fruitier, profitez de ce moment pour me faire connaître la longueur et la largeur du terrain dont vous disposez, et je me charge de vous adresser gratis le plan du jardin fruitier.

Je vous dirai également les variétés et les espèces d'arbres fruitiers que l'on doit envoyer de préférence à la ferme et dans le vignoble pour la saison d'été, n'exigeant pour cela qu'une seule chose : la fourniture des arbres fruitiers, non pas, croyez-le bien, dans un but de spéculation, mais parce que je connais et je suis certain des variétés que je recommande et que je livre à tous mes clients.

En suivant ces indications, les propriétaires, si riches en fruits de toute nature pendant l'été, mais n'ayant plus ou presque plus de poires à manger en décembre, pourront avoir à leur disposition des poires, des pommes belles et bonnes, au moment où celles des champs et des vergers ont disparu, et cela jusqu'en avril-mai.

Jardin d'agrément.

Le jardin d'agrément, nommé aussi jardin anglais et jardin paysager, peut être considéré avec raison comme l'ornement par excellence de l'habitation bourgeoise, aux alentours de laquelle il est toujours situé.

Généralement composé d'allées aux courbes gracieuses, de massifs d'arbres et d'arbustes, de corbeilles et bandes de fleurs, de pelouses, jetés çà et là avec art et harmonie, ce jardin devient la partie agréable, riante et animée de la propriété. C'est le beau à côté de l'utile, indispensable comme lui.

L'effet ornemental du jardin d'agrément dépend beaucoup plus du savoir du jardinier que des motifs naturels qu'il y rencontre. Aussi lorsqu'un horticulteur réellement artiste est appelé à créer un travail de ce genre, il doit, avant d'agir, être bien pénétré de l'objet qu'il se propose de faire, afin de l'harmoniser convenablement avec les sites qui l'environnent. Car il ne s'agit pas ici de faire des contours plus ou moins bizarres, d'imaginer des massifs de hasard, de jeter un rocher là où rien ne l'indique, mais il s'agit de l'art. Or la plus grande preuve que l'art des jardins n'est pas toujours compris est démontrée par le peu d'importance que l'on attache à ces connaissances, indispensables chaque fois qu'il est question de satisfaire le goût et la raison.

Pour prouver clairement la valeur de ce que j'avance, il me paraît utile de citer le fait suivant à l'appui :

Pourquoi, au sein d'une nature riante et animée où tout semble sourire au cœur de l'homme et l'invite à la gaîté, pourquoi, dis-je, voyons-nous l'aspect de ce site si naturel et si riant assombri tout-à-coup par une imitation grotesque de rochers que rien ne motive et qui semble tomber des nues pour en effrayer le tableau ? Ce n'est pas là, bien sûr, la place d'un rocher, encore moins un chef-d'œuvre d'artiste. Mais comme les connaisseurs en pareilles matières sont bien plus rares que les admirateurs, on supporte sans se plaindre ces bizarreries de mauvais goût, sans se douter un moment que l'art ainsi dénaturé, enlaidit le tableau au lieu de l'embellir.

Corbeilles et massifs de fleurs.

Les corbeilles et massifs de fleurs que l'on jette çà et là sur le bord des pelouses ou sur le devant des grands massifs du jardin d'agrément ne sont autre chose que l'ancien parterre à la française de Claude Mollet, de Lenôtre et de Ligier.

Le parterre proprement dit, que l'on ne rencontre plus que bien rarement, était autrefois la partie ornementale de l'habitation bourgeoise. Il avait alors son charme et son mérite, mais dans ces dernières années il a dû subir l'influence du temps et de la mode, pour disparaître dans les pelouses du jardin d'agrément.

Né avec la Renaissance, le parterre comptait alors les genres suivants : parterre de broderie, parterre en découpé, parterre de compartiment ou symétrique. De nos jours, ces genres ont disparu, et ce n'est qu'exceptionnellement qu'on en rencontre encore quelques types.

Serres.

La serre est un local destiné à la culture, à la conservation des fleurs en hiver, et à la multiplication des végétaux. Selon l'usage auquel on les destine, les serres ont reçu différents noms qu'il importe de faire connaître, cela bien entendu dans l'intérêt de l'amateur. C'est ainsi que l'on rencontre dans les grandes cultures : la serre chaude, la serre tempérée, la serre froide ou au camélia, la serre à multiplication, la serre à orchidées, la serre à pélargonium, à palmier, et la serre hollandaise. Bornons-nous à signaler celles qui sont le plus en usage, et que l'on rencontre le plus communément.

La serre tempérée ou serre ordinaire est celle que l'on voit dans presque tous les jardins horticoles et d'amateurs. Elle se compose d'une ou deux pentes vitrées, de bas-côtés reposant sur un petit mur, de plats-bancs ou gradins à l'intérieur et d'un fourneau pour le chauffage.

La charpente d'une serre tempérée se fait ordinairement en bois ou en fer. Les serres en fer ont, il est vrai, plus d'élégance que celles en bois; mais ces dernières n'ont pas l'inconvénient de se refroidir aussi rapidement lorsque la température intérieure s'abaisse.

Quels que soient les matériaux employés pour la construction d'une serre ordinaire ou tempérée, l'inclinaison des versants doit être toujours accentuée, sans exagération toutefois, de manière à favoriser l'écoulement des eaux pluviales au dehors, et celui des gouttes d'eau qui se condensent sous les verres en dedans.

Une serre tempérée à un seul versant, y compris les appareils de l'intérieur, est tout ce qu'il faut dans nos régions à l'amateur, pour la conservation des plantes les plus indispensables, telles que héliotrope, géranium, daphnée, polygala, etc., etc.

La serre hollandaise ne diffère de la serre tempérée ou ordinaire que par son double versant vitré. Elle ne possède, sur la première que l'avantage d'être plus ornementale, et peut être affectée aux mêmes usages que la serre tempérée.

La serre chaude ne diffère des deux précédentes que par un système de chauffage qui permet d'en élever la température à un degré voulu, pour la conservation des hautes plantes qu'on y cultive.

La serre tempérée, la serre chaude, la serre hollandaise peuvent être converties non-seulement en serre en multiplication, mais être affectées à tel ou tel genre de culture, sans le moindre inconvénient.

Chassis.

Les chassis sont des sortes de cadres en bois, en fer ou en maçonnerie, longs de $1^{m}33$, larges de 0,80 cent. à $1^{m}20$ au plus, traversés à leur tour par des petits bois sur lesquels reposent les panneaux vitrés. Ils sont posés au pied d'un mur le plus souvent possible, ou dans un coin à l'abri des grands vents et des fortes gelées.

Les chassis, qu'on pourrait nommer aussi petites serres basses, sont destinés à la conservation des plantes pour massifs, au bouturage, et sont d'un grand secours au jardin potager pour les semis, le repiquage et la culture des primeurs.

Orangerie.

L'orangerie est un local plus ou moins vaste recouvert en ardoise ou en tuile, plafonné à l'intérieur, muni d'ouvertures au midi, destiné à abriter en hiver les orangers, les lauriers roses, etc., et toutes les grandes plantes qu'on ne peut placer dans la serre ordinaire.

On y abrite aussi les tubercules de dahlias, les touffes de balisier, et toutes les plantes vivaces susceptibles d'être détruites par les fortes gelées.

La serre tempérée, les chassis et l'orangerie seront placés le plus possible à la portée de la maison d'habitation, et si l'agencement de ces divers immeubles a été bien compris, la serre tempérée peut devenir, dans la rude saison, le jardin d'hiver de la maison.

CHAPITRE II

Arbres fruitiers. — Terrain qui leur convient. — Formes auxquelles on peut les soumettre.

Abricotier.

L'abricotier se greffe sur prunier miroboland, sur prunier noir, sur St-Julien et sur franc, c'est-à-dire sur des sauvageons d'abricotiers venus de noyaux.

Les abricotiers greffés sur les diverses espèces de pruniers que je viens de faire connaître peuvent être plantés dans les terres franches, argileuses et calcaires, avec la certitude de les voir croître, fleurir et prospérer.

Les abricotiers greffés sur franc, soit sur leur propre sujet, seront plantés de préférence dans les terres sablonneuses, dans les graves et dans toutes les terres sèches, où ils résisteront ainsi vigoureusement, tout en donnant de bons fruits.

Cet arbre peut s'élever en plein vent, en gobelet ou vase en plein jardin, et en espalier ou palmette le long d'un mur exposé à l'est ou à l'ouest.

Les bonnes variétés d'abricots sont au nombre d'une dizaine : on les multiplie au moyen de la greffe en fente, de la greffe anglaise, et de la greffe à l'écusson, etc.

L'abricotier est originaire de Syrie et d'Arménie, d'où il nous fut importé en 1548.

Amandier.

L'amandier se greffe le plus généralement sur franc, à l'écusson, au mois d'août. Il vient à peu près dans tous les sols, sauf cependant dans les terres froides ou humides. Il aime de préférence les sommets et les versants des coteaux, les plaines, et s'il pousse rigoureusement dans les bas-fonds, c'est pour n'y donner de bons produits qu'une fois tous les cinq ans.

L'amandier se greffe avec succès sur des sauvageons de pêchers venus de noyaux ; mais je ne conseille à personne la plantation de pareils arbres, encore moins d'avoir recours à ce sujet pour multiplier les bonnes variétés d'amandes.

Cet arbre ne supporte guère les petites formes, et doit être cultivé de préférence en plein vent et haute tige.

L'amandier commun est originaire de l'Asie et du nord de l'Afrique, d'où il fut importé en 1584.

Cerisier.

Le cerisier est d'une nature accommodante et d'une constitution si robuste qu'il vient généralement dans presque tous les terrains.

Pour haute tige on le greffe sur franc ou sur mérisier, soit à l'écusson ou en fente, en pépinière ou en place ;

mais si on le soumet aux petites formes, on le greffe sur Sainte-Lucie, ce sujet étant pour cela très-convenable.

On peut faire, du cerisier greffé sur Sainte-Lucie, de jolies pyramides, de très-beaux vases ou gobelets, dont l'effet au jardin est tout à fait ornemental, en restant productif.

Les bonnes cerises sont au nombre d'une vingtaine de variétés, réparties dans les groupes suivants : Bigarreaux, cerises guines, cerises douces, cerises acidulées et griottes. Nous les signalons plus loin aux mois de Juin-Juillet.

Le cerisier est originaire de l'Asie centrale, d'où il nous aurait été importé par les Romains.

Figuier.

Le figuier nous vient de la Grèce et de l'Afrique ; il fut introduit dans les Gaules par les Phocéens, et répandu à profusion sur les bords de la Méditerranée, où il croît aujourd'hui spontanément.

Cet arbre, que l'on multiplie aisément de bouture, d'éclats ou par marcottes, vient dans notre région à toute exposition et s'accommode de tous les terrains.

Généralement relégué dans les vignes et abandonné à son propre sort, le figuier pourrait figurer avantageusement au potager ou au jardin fruitier. Dans ce cas il faudrait le cultiver en haute tige et non en touffes ou en cépées

Framboisier.

Le framboisier croît dans tous les sols et s'accommode

de toutes les positions. C'est un tort cependant de le reléguer constamment dans les coins les plus sombres, et les plus obscurs du jardin, où ses fruits, faute de soleil, n'acquièrent jamais leur parfum naturel.

Les tiges de framboisiers qui ont porté fruits doivent être enlevées tous les ans ; et pour éviter un épuisement certain des touffes, on les replante en les changeant de place tous les quatre à cinq ans.

On multiplie les framboisiers de rejetons ou par boutures, et sans bannir entièrement du jardin les framboisiers communs qui ne donnent qu'une fois, on plante de préférence les variétés remontantes à fruits rouges et à fruits blancs, qui donnent jusqu'à l'automne.

Le framboisier est originaire de l'Europe, où il croît spontanément.

Groseilliers à grappes.

Rien de plus facile que la culture de ce petit arbrisseau auquel tous les terrains conviennent.

On peut le cultiver en boule, en gobelet, cordon vertical, soit en ligne, en bordure, ou entre les grands arbres. Le travail le plus important à appliquer à cet arbriseau consiste en une petite taille qu'on lui applique annuellement, et tous les trois ans on refait et on renouvelle les branches à fruits en enlevant celles qui sont épuisées, que l'on remplace par les jeunes bourgeons qui partent de la racine.

Groseilliers épineux.

De même que le groseillier à grappes, le groseillier

épineux s'accommode de tous les sols et peut se soumettre aux mêmes formes.

Les principales variétés de groseilliers à grappes et épineux sont signalées à l'article : *Jardin fruitier du mois de juin.*

Pêcher.

Le pêcher se greffe à l'écusson, rarement en fente, sur son propre sujet issu de noyaux, sur prunier et sur amandier.

Les pêchers greffés sur franc sont plantés dans les terres profondes et légères, les pêchers sur pruniers dans les terres humides, et les pêchers greffés sur amandier dans les terrains pierreux et rocailleux.

On cultive les pêchers en plein vent, en palmette, en cordon oblique, le long d'un mur exposé à l'est et à l'ouest, ou en plein air, sur fil de fer, dans le jardin fruitier.

Les fruits du pêcher ont été divisés par les pomologues en trois groupes fort distincts : le premier comprend les pêchers à chair non adhérente au noyau ; le second, les pêchers à chair adhérente, plus connus sous le nom de pêchers mâles, et le troisième est formé par les pêches lisses, désignées communément sous le nom de Brugnons.

Cet arbre est originaire des contrées moyennes de l'Asie ; il croît naturellement en Chine, et son introduction dans les cultures européenne remonte à un temps fort reculé.

Poirier.

Le poirier se greffe à l'écusson et en fente, sur franc et sur cognassier. Les sujets greffés sur franc sont destinés aux terrains secs pierreux et sablonneux, et les poiriers greffés sur cognassier aux terres franches et profondes.

La fructification du poirier sur cognassier a presque toujours lieu vers la deuxième ou troisième année qui suit la plantation, tandis que le poirier greffé sur franc, plus vigoureux et plus robuste, ne se met guère à fruit qu'à la sixième ou huitième année. Aussi doit-on donner la préférence aux poiriers greffés sur cognassier, cela du moins chaque fois que le sol le permettra.

Cet arbre, le plus docile des arbres fruitiers, se prête sans la moindre difficulté à tous les caprices de l'arboriculteur. Aussi peut-on le soumettre sans la moindre crainte à la forme en plein vent, à la forme en pyramide, palmette, cordon oblique et vertical etc., avec l'espoir de le voir croître, fleurir et fructifier abondamment.

Le poirier croît à l'état sauvage dans toutes les parties tempérées de l'Europe. Il est aujourd'hui indispensable dans tous les jardins, et le perfectionnement de ses fruits, si variés, est dû aux semis successifs qui ont été tentés jusqu'à ce jour.

Pommier.

Le pommier est l'arbre fruitier le plus rustique du domaine de Pomone. Aussi le voit-on croître et prospérer dans tous les sols.

Cet arbre se greffe à l'écusson et en fente, sur franc, sur doucin et sur paradis. Les sujets greffés sur franc, destinés à faire des arbres de plein vent, sont envoyés aux champs ; les sujets greffés sur doucin et sur paradis sont employés au jardin fruitier pour faire des vases ou des gobelets, des pyramides, mais plus particulièrement des cordons horizontaux sur fil de fer.

De même que le poirier, le pommier est originaire des parties tempérées de l'Europe, et le perfectionnement auquel ses fruits sont arrivés de nos jours n'est dû encore qu'aux semis successifs.

Prunier.

Le prunier se cultive le plus généralement en plein vent et haute tige. Dans ce cas il est envoyé à la vigne ou au champ, et abandonné à peu près à lui-même. Mais si on veut l'avoir sous la main et l'introduire au jardin fruitier, on peut alors le soumettre à la forme en gobelet ou vase, en cordon oblique ou vertical, car il supporte aisément la taille.

Le prunier se greffe à l'écusson au mois d'août et en fente au printemps, sur son propre sujet. Il croît à peu près dans tous les sols, mais de préférence dans les terres à bases argileuses et calcaires.

Cet arbre, originaire de l'Asie et de l'Europe, a été recherché de tout temps, notamment par les Gaulois, à cause du mérite et de la valeur de ses produits.

Cognassier.

Le cognassier vient à peu près dans tous les sols, excepté cependant dans les terres sèches et sablonneuses. On le cultive de préférence en plein vent et on l'abandonne à lui-même. Mais si cependant on tient à en avoir de beaux fruits, il suffit de le soumettre à une taille annuelle et raisonnée.

CHAPITRE III

DE LA FORME DES ARBRES FRUITIERS.

Les formes auxquelles peuvent être soumis les arbres fruitiers en général étant mentionnées dans le chapitre précédent, il est indispensable de faire connaître ici ce qu'on entend par plein vent, par pyramide, par palmette, etc., et d'indiquer la place que telle ou telle forme doit occuper au jardin potager, au jardin fruitier et dans les champs.

Plein vent ou haute tige.

L'arbre fruitier soumis à cette forme, se compose d'une tige dépourvue totalement de rameaux, constituant le tronc ou le corps. La hauteur de cette tige peut varier de 1m33 à 1m50; rarement plus, mais jamais moins. Le tronc ou la tige est surmonté ensuite d'une tête composée ordinairement de six à huit branches principales, ramifiées à leur tour par des branches secondaires, portant les fleurs et les fruits.

La formation d'un arbre élevé en plein vent doit être complète vers la cinquième année.

C'est la forme la plus convenable pour les plantations en bordures le long des chemins, sur le bord des allées principales du vignoble ou de la ferme, et dans les vignes cultivées en joalles.

De la Pyramide.

L'origine de cette forme remonte à Louis XIII. Elle fut imaginée par l'abbé Legendre, curé d'Hénonville, plus tard directeur des jardins royaux.

La pyramide se compose d'une tige verticale garnie de branches latérales de la base au sommet, et dont la longueur diminue graduellement à mesure qu'on se rapproche de l'extrémité.

Les branches latérales d'une pyramide sont désignées généralement sous le nom de branches de charpente; elles sont ordinairement simples, c'est-à-dire non bifurquées, et espacées entr'elles de 0,40 à 0,45 centimètres.

Les bourgeons qui, au printemps, se développent sur les branches de charpentes, sont convertis en rameaux à fruits dans le cours de l'été, soit à l'aide du pinçage ou de la taille.

Cette forme, que l'on exagère un peu et beaucoup en donnant aux branches de charpente une longueur démesurée à la taille, a sa place marquée dans les plate-bandes du potager ou du jardin fruitier, ou sur le bord d'une allée principale.

Palmette Verrier.

Cette forme, des plus gracieuses, a été imaginée par M. Verrier, jardinier en chef à l'école régionale de la Saulsaie, il y a de cela une quinzaine d'années.

La palmette verrier se compose d'une tige principale et verticale, munie, à son tour, d'une série de branches latérales dites sous-mères, placées à 0,35 ou 0,40 centimètres les unes au-dessus des autres, obtenues annuellement deux par deux à l'aide de la taille.

Ces branches sont disposées à droite et à gauche de la tige principale; on leur donne d'abord une direction oblique, puis graduellement horizontale, et on en redresse ensuite verticalement les sommets au moyen d'une petite courbe que l'on fait décrire aux branches sous-mères, cela seulement lorsqu'elles atteignent la limite qu'elles ont à parcourir.

C'est la forme la plus convenable pour espalier et contre

espalier, soit le long d'un mur ou en plein air sur treillage et fils de fer.

Cordon oblique simple.

Le cordon oblique simple a été imaginé par M. Dubreuil et appliqué pour la première fois par l'auteur, en 1852, au jardin des plantes de Rouen.

Un cordon oblique est une série de poiriers, de pêchers, de pruniers, etc., plantés le long d'un mur ou en contre-espalier en plein jardin, que l'on maintient à l'aide d'un treillis en fils de fer.

On prend pour cela des sujets d'un an de greffe que l'on plante à 0,50 centimètres les uns des autres. Si on a affaire à des jeunes poiriers, on les incline d'abord sur un angle de 60 degrés et on coupe ensuite la tige au tiers environ de la hauteur.

A la deuxième année les arbres sont inclinés de nouveau et fixés définitivement à 45 degrés ; les tiges sont rabattues à la taille selon leur vigueur, mais toujours en cherchant à régulariser la hauteur des sujets.

Les pêchers soumis à cette forme ne doivent avoir également qu'un an de greffe. Après la plantation on rabat les sujets à 0,20 ou 0,30 centimètres de leur base sur un bon bouton à bois.

Pendant l'été on favorise le développement de la tige principale, et on pince sans exception tous les rameaux latéraux destinés à être convertis en branches à fruits.

C'est une forme très-convenable pour dissimuler avec

profit une dépendance, un vieux mur, une ouverture, dont l'aspect ne serait pas agréable à la vue.

Le cordon vertical ne diffère du cordon simple que par la position des arbres. Ils sont ici placés verticalement, comme l'indique le nom de la forme, et cette forme doit être préférée au cordon oblique, chaque fois que l'objet à dissimuler dépassera une hauteur de 5 mètres.

Cordon horizontal.

Pour l'établissement de cette forme, on procèdera ainsi qu'il suit :

On choisit des arbres d'un an de greffe, que l'on plante à 1^m50 ou 2 mètres de distance, et on les abandonne à eux-mêmes pendant tout l'été.

A partir de l'automne seulement, les jeunes pommiers sont couchés horizontalement sur un fil de fer fortement tendu à l'avance, et maintenu dans cette position à l'aide de plusieurs ligatures en vimes. On a soin de laisser l'extrémité du prolongement de la tige libre de toute attache, et on pince fortement les bourgeons qui se développent dessus, dessous, et par côté, pour les convertir en rameaux à fruits.

Cette forme, dont l'origine remonte au commencement de ce siècle, est la plus convenable pour bordures, les allées principales du jardin fruitier, du potager, et rien n'est plus séduisant qu'un cordon ainsi disposé, lorsqu'il est couvert de fruits.

Le pommier greffé sur paradis est l'arbre le plus généralement employé pour l'établissement de cette forme.

Vase ou Gobelet.

Un arbre soumis à cette forme se compose d'un tronc ou corps dont la hauteur ne dépasse jamais 0,50 cent. au-dessus du sol, et sur lequel repose une série de six à huit branches rayonnant tout au tour. Ces branches sont d'abord tenues dans une position latérale ou horizontale, puis ramenées verticalement et maintenues ainsi à l'aide d'une charpente en bois ou en fer.

La place que doit occuper le vase ou gobelet au jardin potager ou au jardin fruitier est dans le coin des carreaux ou des allées secondaires. Mais comme tous les arbres ne se prêtent pas docilement et avantageusement à cette forme, on n'y soumettra principalement que les cerisiers greffés sur Ste-Lucie et les pommiers greffés sur paradis ou doucin.

L'origine de la forme en vase ou gobelet remonte au dernier siècle. Elle fut très en vogue sous Louis XIV, et fortement préconisée par Laquintynie, alors directeur des jardins de Versailles.

CHAPITRE IV

DE LA GREFFE

La greffe est une opération qui consiste à implanter sur un végétal à fleurs et à fruits sauvages, un tronçon de rameau à fleurs et fruits améliorés par la culture, dans le but de transformer totalement la nature de ce même végétal.

Les diverses sortes de greffes employées pour cela étant trop nombreuses pour les énumérer ici, je me bornerai à ne signaler que les principales, celles en un mot qui sont le plus généralement usitées dans la pratique journalière.

Greffe en écusson à œil dormant.

On prend un rameau bien aoûté de l'espèce que l'on veut écussonner ; on en retranche les feuilles, en ayant soin toutefois de laisser attachée au bois une portion du pétiole ou queue de la feuille, et muni d'un petit couteau que l'on appelle greffoir, que l'on prend de la main droite, du rameau à greffer que l'on tient de la main gauche, l'opérateur procède comme suit :

On enlève sur le rameau une plaque d'écorce munie d'un œil bien constitué à laquelle on laisse adhérer une mince couche de bois.

L'entaille de cette plaque, qui constitue l'écusson, est ordinairement prise à un centimètre au-dessus de l'œil, et coupée à un centimètre au-dessous. On enlève ensuite avec la pointe du greffoir le jeune bois adhérent à l'écorce, mais en observant bien que la partie qui se trouve à l'intérieur vis-à-vis de l'œil, reste pleine et non creuse, ce qui rendrait l'écusson sans valeur.

Cela fait, on applique le greffoir sur la tige ou le tronc à greffer, on l'appuie juste assez pour entamer la peau mince qui le couvre, et faisant avec la main un léger va et vient à droite et à gauche, on fait une incision horizontale sur la jeune tige ou le tronc du sujet, ne dépassant pas toutefois le milieu de sa grosseur, puis, toujours muni du greffoir, une deuxième incision longitudinale est pratiquée au-dessous de l'horizontale, et on sépare la peau du bois à l'aide de la spatule adhérente au greffoir.

L'écusson est alors introduit entre l'écorce et le bois du sujet opéré, en commençant par le haut et en ayant soin d'écarter les deux lèvres à l'aide de la spatule, sans toutefois déchirer ni blesser l'écorce ; puis on fait une ligature, soit avec du jonc, soit avec du coton, en enveloppant soigneusement toutes les parties mises à jour par cette opération. On serre juste assez pour intercepter l'air, sans cependant blesser l'écorce, et on a soin de laisser l'œil en toute liberté.

La greffe en écusson à œil dormant s'exécute du 15 juillet au 15 septembre, au plus fort de la sève, et les sujets écussonnés alors, sont livrés à eux-mêmes jusqu'au printemps suivant.

Greffe en écusson à oeil poussant.

Elle se fait de la même manière que la greffe en écusson à œil dormant, mais avec la différence qu'aussitôt ou presque aussitôt que l'écusson est posé, convenablement attaché, on coupe la tête du sujet ou du rameau à 0,10 centimètres environ de son insertion.

La greffe en écusson à œil poussant se fait ordinairement en mai et juin.

Greffe en fente simple.

On prend un tronçon de rameau de la dernière pousse, muni de deux ou trois bons yeux, on le taille en biseau vers la base, mais sans endommager la peau du côté le plus épais. On coupe ensuite la tête du sujet horizontalement, on régularise bien la coupe à l'aide de la serpette, on le fend verticalement, et on introduit ce tronçon de rameau, nommé greffon, dans la pratique, sur l'un des côtés du sujet, en entr'ouvrant la fente à l'aide d'un petit coin de bois.

On fait une forte ligature pour assujettir les greffes, et on recouvre soigneusement le tout à l'aide de la cire à greffer.

Greffe en fente à deux rameaux.

On prépare les greffons et le sujet de la même manière

que pour la greffe en fente simple, et on introduit dans l'incision deux greffons opposés au lieu d'un.

On fait une ligature, et on mastique ensuite comme il est dit pour la greffe en fente simple.

Greffe en fente de côté.

On taille le greffon en biseau comme pour les greffes en fente, on coupe la tête du sujet que l'on pare avec la serpette, mais au lieu de le fendre entièrement, on n'opère que vers le tiers de son diamètre, de manière à ne pas endommager la moëlle.

On introduit le greffon dans cette fente à l'aide d'un petit maillet en bois, on fait une ligature et on cicatrise comme dans les greffes précédentes.

Greffe en fente Gagnaire.

J'ai décrit et démontré les avantage de cette greffe dans la *Revue horticole*, année 1860.

Au lieu de couper le sujet horizontalement, comme on le fait dans la pratique ordinaire, on le coupe en biseau. On fend verticalement le sujet et on y introduit les greffons, qui sont aussi taillés en biseau et munis en outre de deux crans latéraux servant de retraite ; ces retraites sont faites de manière que, suivant la position qu'elles doivent occuper, elles reposent directement sur la coupe du sujet.

Cette greffe a l'avantage d'être très-solide, et les sujets ainsi opérés se cicatrisent plus facilement que dans la greffe en fente ordinaire.

Greffe en couronne.

On coupe horizontalement la tête du sujet, et on fend verticalement l'écorce à l'aide du greffoir. On taille le greffon en bec de flûte, et on l'insère entre l'écorce et l'aubier ; on attache ensuite solidement et on mastique la plaie à l'aide de la cire à greffe.

Cette greffe se pratique ordinairement en mars et avril, au moment de la sève, pour les arbres fruitiers comme pour les arbres d'ornement.

Greffe par approche.

Cette greffe n'est autre chose qu'une soudure de deux parties du même végétal, ou de deux végétaux différents.

Pour opérer, on pratique sur un sujet une coupe bien nette et proportionnée à sa grosseur, longue de 10 à 12 centimètres environ. On prend ensuite une branche d'un autre sujet, ou bien un autre sujet que l'on opère de la même manière, puis on les réunit ensemble en observant qu'ils se recouvrent mutuellement, et qu'il n'existe pas le moindre vide entre le rapprochement des deux branches ou des deux sujets incisés.

On fixe les deux parties à l'aide d'une ligature, et on les

préserve du contact de l'air, de la pluie ou du soleil, à l'aide d'une couche de mastic à greffer.

La greffe par approche est très-usitée en horticulture, notamment dans les jardins fruitiers, où elle est très-employée pour le remplaçage des branches de charpente et la formation définitive des cordons de pommiers. Elle s'exécute au premier printemps, juste au moment du départ de la sève, quelquefois en juillet sur les arbres fruitiers.

CHAPITRE V

TRAVAUX DU MOIS DE JANVIER

Jardin potager.

Les travaux à exécuter pendant ce mois dans le jardin potager, sont subordonnés à la clémence ou à la rigueur du temps. Si, comme cela vient d'avoir lieu en janvier 1873 et 1874, le temps est doux et convenable, on doit en profiter pour semer les pois suivants, les derniers de première saison :

1° Michaux de Hollande, très-bon et productif.

2° Pois Prince Albert, très-bon, demi-nain.

3° Pois ridé Knight, sucré, peut-être le meilleur pour manger en vert.

Les pois suivants, mais de seconde saison, seront semés en même temps, ou vers la dernière quinzaine du mois.

4° Long pois.

5° Mac-Lolland, ces deux variétés sont originaires d'Amérique et leur récolte ne s'effectue jamais qu'une quinzaine de jours après les pois Michaux, Prince Albert, etc.

On peut, en janvier, planter en place :

1° Des choux d'York, des choux Baccalan, des cœurs de bœuf ;

2° Des laitues de la Passion entre les sillons de pois, comme il est dit, en novembre et décembre. Ces jeunes plants, issus de semis faits au mois d'août, seront d'un grand secours à la maison aux premiers jours du printemps.

Mais si le mois de janvier est rigoureux, si la neige et la gelée empêchent de travailler au jardin, le jardinier profitera des éclaircies de beau temps pour faire les travaux ci-après, tout à fait indispensables :

1° On conduit les fumiers dans les carreaux du jardin destinés à être ensemencés ou plantés aux premiers beaux jours ;

2° On passe à la claie ou au crible les terreaux pour les semis de printemps, que l'on tient à l'abri de la pluie, pour s'en servir au besoin.

3° On taille les haies et les charmilles, ou l'on fabrique des paillassons et des claies pour les abris ;

4° On dispose les fumiers que l'on veut convertir en

terreau en petits tas, on les place par couche, entre lesquelles on met les débris de plante, les marcs de raisins, des plâtras, un peu de terre, et on utilise pour cela toutes les matières fertilisantes qui se perdent à la maison, comme les eaux de vaisselle, les débris de légumes, les os, les urines, pour en augmenter la qualité.

5° On défonce les terres incultes si la gelée n'est que superficielle, mais on a soin d'ajourner ce travail si elle est trop intense.

Quoique dans nos contrées la culture des légumes sur couche ne soit que peu ou point pratiquée, le jardinier intelligent peut encore tirer parti des loisirs que le mauvais temps lui donne, en créant au pied d'un mur exposé au midi quelques couches pour primeur, qu'il établirait ainsi qu'il suit :

On procède d'abord au choix de l'emplacement, qui doit être des plus convenables et surtout à l'abri des grands vents.

Cela fait, on creuse la terre à 0,20 centimètres de profondeur sur une largeur de 1 mètre à 1m33 centimètres, et de 1 à 2 mètres de longueur au plus. On se procure ensuite du fumier de cheval frais, tel qu'il sort de l'écurie, et on le dispose par lit à l'aide de la fourche dans l'emplacement creusé, en le régularisant le mieux possible ; on foule souvent avec les pieds afin de donner plus de consistance à la couche ; on arrose un peu le fumier à mesure que la couche monte pour en exciter la chaleur et éviter qu'il se dessèche, ce qui ne manquerait pas d'avoir lieu si la chaleur était trop vive, et on donne à la couche une élévation de 0,66 à 0,80 centimètres au plus.

Le dessus de la couche sera ensuite recouverte d'un bon lit de terreau finement tamisé, et si l'on a un coffre en bois et quelques châssis vitrés à sa disposition, on les placera sur la couche.

Deux ou trois jours après, c'est-à-dire lorsque le fumier aura donné son premier feu ou sa première chaleur, on peut semer sur couche des laitues, des choux hâtifs, des tomates, des melons, des radis, dont on tirera aisément parti aux premiers beaux jours.

Ressources du Jardin potager en Janvier.

Si, comme il est dit aux mois de novembre et décembre, on a eu le soin de rentrer à la remise ou à la cave les légumes susceptibles d'être détruits par les gelées, on a encore à son service des choux-pommés, des chicorées, des cèleris, des carottes, des salsifis, des choux-raves, des navets, des betteraves à écorce, des cardes, des poireaux verts, etc.

Jardin fruitier.

Les arbres du jardin fruitier réclament en janvier plusieurs soins indispensables qu'il est important de ne pas négliger et que je vais indiquer, en admettant toutefois un temps propice pour cela.

On peut tailler, si la gelée n'est pas trop forte, les arbres fruitiers cultivés en pyramide, en espalier, en palmette, en cordons oblique ou horizontal, en gobelet ou en vase, en haute tige ou plein vent, les vignes plantées en cordon le long des murs, les groseilliers, les framboisiers, les cerisiers, les cassis.

En admettant toujours un temps propice, on peut planter en janvier, et avec certitude de succès, des poiriers, pommiers, pruniers, pêchers, abricotiers, cerisiers, vignes, et toute la série des arbres et arbrisseaux fruitiers.

Si quelques arbres du jardin fruitier paraissent chétifs et languissants, on en active la vigueur en enlevant au pied une forte couche de terre, dessus et autour des racines, que l'on remplace par une forte couche de terreau bien consumé, mais jamais de fumier non décomposé.

On profite des matinées pluvieuses ou humides pour émousser les arbres, soit à l'aide d'un émoussoir, d'une brosse ou d'un racloir, et on enlève les vieilles écorces, ces refuges par excellence d'œufs de larves, de chenilles et d'une foule d'insectes destructeurs. Les arbres émoussés et décortiqués seront traités ensuite de la manière suivante :

On prend un baquet, un vase quelconque, dans lequel on met une partie de chaux éteinte, une partie de souffre en poudre et une partie de savon noir. On délaye le tout, on en fait une bouillie ni trop épaisse ni trop claire, et, à l'aide d'un pinceau, on en enduit toutes les parties de l'arbre mises à nu par la décortication.

On visite les tuteurs et les supports des arbres, on refait les charpentes des palmettes, on pose les lattes pour les cordons obliques et verticaux, les fils de fer pour les cordons horizontaux, pour les vignes, et on commence le dressage des branches de charpente des arbres cultivés en pyramide, si toutefois le beau temps le permet.

Ressource du Jardin fruitier pendant ce mois

On doit avoir au fruitier et en assez grande quantité les

fruits suivants pour l'hiver, susceptibles de mûrir de janvier en avril-mai.

Poires : Besi Chaumonteil, Doyonné Jamain, Broompark, Joséphine de Malines, Doyonné d'hiver, Doyonné d'Alençon, Bon Chrétien de Rans, Suzette de Bavay, Colmar de mars, Prince Albert, Bergamotte Espéren, Madame Millet, beurré Bretonneau, Bon chrétien d'hiver, Olivier de Serres, Passe-Crassanne, Nouvelle Fulvie, Duchesse de Mouchy, beurré Perrault, Bergamotte fortune.

Pommes : Calville St-Sauveur, Calville blanche, Pomme-coing, Martrange, de Lestre, Doux d'argent, Postophe d'hiver, Reinette Thouin, Reinette grise de Saintonge, Reinette franche, Reinette de Caux, Reinette grise du Canada, Redondelle, Reinette de Hollande, Reinette d'Angletterre, Fenouillet gris, Alfriston, Boston Russet.

Jardin d'Agrément.

Les travaux du jardin d'agrément pendant ce mois sont assez importants. Si le temps est favorable, on poussera activement les nouvelles plantations commencées, à l'automne, et on s'empressera de replanter les arbres et arbustes qui manquent çà et là dans les massifs. Mais on se gardera bien de planter en ce moment, et surtout dans les terres argileuses et froides, les arbres à racines charnues, comme les Magnolias à feuilles persistantes et caduques, les Tulipiers de Virginie, les Paulownias, les Catalpas, les Saphoras pleureurs, etc. La plantation de ces espèces ne sera effectuée qu'en mars et avril, la reprise à cette époque étant certaine. Il n'est peut-être pas sans intérêt de donner les raisons de cela.

En plantant de novembre à mars un arbre à racines charnues, il devient presque impossible que l'humidité ne s'en empare pas. L'excédant de cette humidité n'étant pas à cette époque absorbé par la végétation, la pourriture des racines en est la conséquence, et la mort s'en suit. Mais ces inconvénients disparaissent en plantant en mars et avril, c'est-à-dire au moment où la sève se met en activité.

On continue la plantation des rosiers à haute et basse tige, qu'on exécutera de préférence au mois de novembre ; on taille les arbustes, on élague les grands arbres, on enlève avec soin les bois morts, on travaille activement à la création des nouveaux massifs, on amende les anciens soit par des transports de terre, de terreau ou de fumier bien consumé, on met des tuteurs aux arbres difformes, aux arbrisseaux, aux rosiers à haute tige, etc., et on émousse, on décortique et on chaule les arbres de l'avenue ou du jardin, comme il est dit pour les arbres fruitiers.

Corbeilles et massifs de fleurs.

A l'approche de la neige et des grands froids, on s'empresse de couvrir de litière les massifs et les corbeilles d'oignons à fleurs, et toutes les plantes vivaces sans exception. C'est un préservatif qu'il est bon de ne pas négliger.

Serres et châssis.

Si, commecela a lieu ordinairement pendant ce mois,

la température est basse et fait pressentir de fortes gelées ; on couvre les serres et les châssis de paillassons, et on chauffe fortement. On entoure les châssis d'une forte muraille de tannée, de sable ou de fumier que l'on tasse fortement avec les pieds, et avec ces précautions il est rare que les plantes soient atteintes par les froids.

Mais si cependant quelques éclaircies de soleil se montrent de temps en temps, il faut en profiter pour donner un peu de lumière aux plantes, en enlevant les paillassons quelques heures. On en profite aussi pour renouveler l'air de la serre en ouvrant un peu les panneaux, mais cela le moins de temps possible.

On arrose les plantes avec modération et seulement en cas de besoin, en ayant soin de n'employer l'eau que lorsqu'elle aura séjourné quelques heures dans la serre.

On visite souvent les plantes et on veille attentivement à ce qu'elles ne soient pas atteintes par l'humidité, si préjudiciable en ce temps là. Il suffit pour cela d'enlever avec soin les feuilles mortes et tout ce qui paraît susceptible d'entrer en décomposition.

CHAPITRE VI

TRAVAUX DU MOIS DE FÉVRIER.

Jardin potager.

On doit se hâter pendant ce mois de terminer les travaux de défonçage et les labours commencés en janvier, car les semis et les plantations à exécuter dans le jardin potager prennent de l'importance. C'est ainsi que l'on peut semer sans crainte :

1° Des carottes courtes hâtives, et des radis ronds, roses, en choisissant pour cela un coin abrité du jardin;

2° Des épinards à feuilles rondes, soit dans la première ou deuxième quinzaine du mois;

3° Du cerfeuil commun et des laitues printanières;

4° Des choux Milan hâtifs, frisés, pour replanter en avril et des choux de Bruxelles;

5° Des tomates, des aubergines, des piments, ces trois dernières espèces sous châssis et sur couche, et les pois recommandés au mois de janvier, si la rigueur du temps a empêché ce travail à cette époque.

On plante à demeure :

1° Des choux d'York et cœur de bœuf semés à l'automne, et garantis des froids de l'hiver à l'aide des abris ;

2° Des pommes de terre hâtives que l'on abritera à l'approche des gelées blanches. On les plantera de préférence le long d'un mur exposé au midi.

La meilleure variété à préférer en ce moment est la pomme de terre Early rose. Importée dans ces dernières années d'Amérique en France, elle est encore peu connue ; mais les nombreuses qualités qu'elle possède, soit comme rusticité, précocité et fécondité, ne tarderont pas à la faire admettre sous peu de temps dans toutes les cultures, où elle sera la bien venue.

Douée d'une croissance rapide, cette variété n'a pas le temps de décomposer les fumiers frais, il sera bon de préparer les terrains qui lui seront destinés quelques jours à l'avance en ayant soin de les fumer copieusement avec des terreaux bien consumés ou des guanos.

A la plantation, le tubercule sera recouvert d'une poignée de cendre sèche ou lessivée, puis on mettra la terre par dessus. On bine sitôt l'apparition des tiges, et on dépose au pied gros comme une noix d'un mélange fait avec une partie de guano et trois parties de plâtre.

On répète le binage une ou deux fois pendant la croissance, sans jamais butter la terre au pied, et à l'aide de ces quelques soins, cette variété fera merveille.

3° Des laitues de la Passion et des romaines semées à l'automne, soit en planches ou entre les sillons des choux ou des semis ;

4° On plante de l'échalotte et des oignons, on donne de l'air aux artichauts en les découvrant un peu si le soleil se montre, et on a soin de les recouvrir quelques heures avant la nuit en cas de gelée ;

5° On plante les asperges violettes de Hollande en planche ou en sillon, et cela de préférence dans les terres légères et profondes, que l'on a eu le soin de bien défoncer auparavant.

On attendra les derniers jours du mois de mars pour la plantation des asperges en terre grasse et argileuse, retenant l'eau ;

6° Les bordures d'oseilles, de fraises, de thym, d'appétits de Paris, d'estragon, d'hyssope officinal, etc. qui n'auraient pas été refaites à l'automne, le seront en ce moment, si toutefois les plantes paraissent épuisées. Ces bordures doivent être généralement refaites tous les deux ou trois ans au plus.

Ressource du Jardin potager pendant ce mois

Les ressources du potager en février ne diffèrent guère de celles du mois de janvier, c'est-à-dire que, sauf quelques rares exceptions, ou à moins de culture faite sous châssis ou en serre, on en est réduit à consommer encore les légumes de l'automne mis en réserve pour l'hiver, comme il est dit au mois de novembre et décembre.

Jardin fruitier.

C'est le moment de pousser avec activité la taille des arbres fruitiers soumis à la forme en quenouille, cordon, palmette, etc. de refaire les charpentes des espaliers, de visiter les fils de fer, de redresser les tendeurs, et de baguetter les branches de prolongement des pyramides, des cordons et des palmettes.

On ne doit pas négliger pendant la taille d'enlever avec soin les nids de chenilles que l'on rencontre çà et là au sommet des rameaux, sans oublier ces petites feuilles mortes et sèches qui voltigent au moindre vent, car elles ne sont autre chose que des refuges d'œufs d'insectes et de chenilles.

On couche les pommiers, les poiriers, les pruniers, que l'on destine à la forme en cordon horizontal, et on fixe les tiges au fil de fer à l'aide de quelques ligatures en osier.

Les framboisiers cultivés en ligne, ce qui est préférable, seront aussi tenus à l'aide d'un fil de fer tendu d'un bout à l'autre, et chaque branche à fruit attachée obliquement à l'aide d'un petit vime.

On pousse activement les plantations des arbres fruitiers que l'on a à faire dans les terres légères et profondes et qu'on n'a pu exécuter à l'automne, et on retarde jusqu'à la fin du mois de mars celles qui doivent être faites dans les terres profondes et humides, retenant l'eau.

On continue à renouveler la terre au pied des arbres chétifs et languisants, en la remplaçant comme il l'a été été dit en janvier par une bonne couche de terreau bien consumé ; on profite des journées humides ou pluvieuses pour finir d'enlever les mousses répandues sur le tronc des arbres, et on fait les derniers chaulages.

Vers la dernière quinzaine du mois, on peut commencer avec succès les greffes en fentes des abricotiers, pruniers, etc.

Ressource du Jardin fruitier pendant ce mois

Les poires et les pommes que l'on a à consommer pendant ce mois sont les mêmes que celles signalées en janvier.

Jardin d'Agrément.

De même qu'au jardin fruitier, le travail le plus pressant à exécuter ici, consiste à activer les plantations d'arbres d'ornement et d'alignement, d'arbrisseaux et d'arbustes, d'élaguer les arbres d'avenues, d'enlever le bois mort, de tailler les arbustes qui fleurissent en été, tels que : Lagestriœmia, quelques spirées, les altheas, les budleyas, etc., d'enlever les mousses, de chauler et d'amender les arbres en souffrance, comme il est dit pour les arbres fruitiers.

On peut, vers la fin du mois, découvrir les touffes d'erythrine, de pivoines, de dielytra spectabilis, et de toutes les plantes vivaces que l'on a dû couvrir de sable et de fumier à l'approche des grands froids.

Corbeilles et massifs de fleurs.

On refait les bordures de buis, de violettes, de statice rose ou gazon d'olympe, d'arabette printanière, de corbeille d'or, d'œuillet flon rose et blanc, de paquerette, de mignardise ou mirliton blanc, rose et panaché.

On sème en bordure sur le devant des massifs ou des plates-bandes, des collinsias bicolor, des némophilles bleus, des gazons de Mahon roses et blancs, des cynoglosses, des allouettes naines, des coquelicots, des thlaspis, roses et blancs et des roses trémières.

On plante les renoncules et les anémones, mais de préférence à l'automne, comme il est dit au mois de novembre, et on sarcle les corbeilles de jacinthes, et de tulipes.

Serres et Châssis.

A mesure que la douceur du temps se manifeste, on s'empresse de donner un peu d'air et de la lumière aux plantes de serres et de châssis, en enlevant les paillassons et les panneaux, mais cela seulement pendant les heures les plus chaudes de la journée. On remet le tout en place quelques heures avant le coucher du soleil, et on ne repose les paillassons que si l'on avait à craindre de fortes gelées.

Dans la serre on enlève avec soin les feuilles mortes des plantes, on arrache les mauvaises herbes qui poussent çà et là, et on arrose avec moins de modération qu'au sein de l'hiver.

On sème sous châssis les pervenches de Madagascar, des pétunias en terrine ou en caisse.

On rempote une dernière fois les primevères, les calcéolaires et les cinéraires.

On taille les jasmins d'Espagne, les myrthes doubles, les lauriers roses, et on visite les pélargoniums élégants, simples et doubles, car ils redoutent l'humidité.

CHAPITRE VII

TRAVAUX DU MOIS DE MARS.

Jardin potager.

Les travaux pendant ce mois sont si nombreux et si variés qu'ils réclament toute l'activité et tous les soins du jardinier. Comme les labours sont conduits avec l'entrain que nécessite la saison et que les travaux recommandés en février sont terminés, on se livre, pendant ce mois, aux opérations suivantes :

1° On sème sur planche, à l'air libre, des choux gros Milan, des choux quintal d'Allemagne, des choux de Bruxelles, et toutes les variétés pour l'été ;

2° On sème des radis ronds roses et demi-longs ;

3° Des laitues d'été, telles que la printanière, la blonde d'été, la palatine, la brune d'été ;

4° On sème un peu de poireau long vert, du cèleri blanc, du cèleri rave, des concombres ;

5° Des salsifis, des carottes, des scorsonères ;

6° Vers la fin du mois, on sème des choux-fleurs, des blettes ou poirées, des navets demi-longs, et on fait un second semis de tomates, de melons et d'aubergines, que l'on tient abrité pendant la nuit ;

7° On peut semer encore quelques pois Prince Albert et quarantain, de l'épinard, des fèves, du cerfeuil, du persil et des piments ;

On plante à demeure et en plein carré :

1° Des pommes de terre de la St-Jean et Early rose, vers le commencement du mois s'il est possible ;

2° Des choux d'York, cœur de bœuf, petit Milan hâtif, et cela dans la première quinzaine du mois.

3° On continue à planter quelques bordures de laitues de la Passion semées au mois d'août, on nettoie et on bêche les bordures ou les carreaux de blettes ou poirées ;

4° On termine les plantations d'oseilles et de fraisiers ;

5° On met en rigole et en planche les oignons de Niort et toutes les variétés semées en août et septembre ;

6° On découvre complètement les artichauts qu'on œilletonne d'abord, et que l'on bèche ensuite ; on en déplante quelques touffes que l'on replante de suite, pour en avoir de pommés en septembre et octobre ;

7° On termine les plantations d'asperges, et, dans les premiers jours du mois, on découvre les anciennes planches que l'on bine légèrement ;

8° On sarcle les pois semés en décembre et janvier, que l'on doit ramer ensuite, et on les chausse en relevant la terre à droite et à gauche des sillons ;

9° On pince les fèves, on sarcle les bordures d'oseilles et de fraises, sur lesquelles on répand une bonne couche de terreau ;

10° Si au mois de janvier quelques semis ont été faits sur couche, les jeunes plants seront assez forts en ce moment pour être repiqués en place et à l'air libre ;

Ressource du Jardin potager pendant ce mois

Le jardin potager en ce moment doit fournir à la maison les premiers légumes frais, tels que : épinard, oseille, laitues pommées, radis, choux cœur de bœuf, choux d'York, choux petit milan hâtif frisé, etc.

Jardin fruitier.

On termine la taille des poirriers, pommiers, pruniers, etc. en plein vent, quenouille, palmette et cordon, et les élagages des grands arbres. Les pêchers cultivés en plein vent seront traités ainsi qu'il suit :

Tous les rameaux, sans exception, seront réduits à moitié bois de leur longueur, et cela aussi régulièrement que possible. Le but de cette taille est de provoquer le développement des yeux inférieurs, qui sans cela resteraient latents et finiraient par s'annuler entièrement. On sait qu'il est dans la nature du pêcher de s'allonger indéfiniment et par conséquent de se dégarnir entièrement vers la base. A l'aide de cette simple taille ce défaut d'organisation disparaît totalement, les fruits sont aussi nombreux et plus nourris, l'aspect de l'arbre est plus satisfaisant, et son existence est quintuplée.

La taille des arbres terminée, on s'empresse de tuteurer les pleins vents, les pyramides, palmettes, etc., on pose les dernières baguettes aux branches de prolongement, et on active les béchaisons, qui doivent être terminées vers la fin du mois.

On termine les plantations d'arbres fruitiers dans les terres froides et humides, retenant l'eau. Ce travail, qu'il serait imprudent d'exécuter plus tôt sera à cette époque d'un succès certain, et devra être terminé vers la fin du mois.

On greffe en fente ordinaire et en couronne les abricotiers, poiriers, pommiers; cerisiers, pruniers, etc., et les vignes à raisins de table, et de cuves.

Ressource du Jardin fruitier au mois de Mars

Poires : Il est assez difficile de signaler d'une manière exacte les meilleures poires qui mûrissent pendant ce mois, puisque la presque totalité des variétés signalées en janvier peuvent atteindre cette époque et aller même au-delà. Je renvoie donc à la liste du mois de janvier pour les ressources du fruitier au mois de mars, et je recommande spécialement pour l'hiver les variétés qui y sont mentionnées.

Pommes : Les mêmes variétés signalées pour le mois de janvier, et même observation que pour les poires.

Jardin d'Agrément.

On termine de tailler les arbres et arbustes, de travailler les massifs, de tailler les bordures de buis et de gazons, de tuteurer les rosiers à haute tige et les grands arbres qui nécessitent ce travail, et on donne au jardin cette allure élégante et coquette, si belle au premier printemps.

La plantation des arbres d'alignements et forestiers, des arbrisseaux et arbustes d'ornement non terminée à cette époque sera poussée avec activité, car la saison l'exige, notamment dans les terrains profonds et sablonneux. Mais il est prudent de retarder jusqu'à la fin du mois les plantations à faire dans les terres froides et humides, retenant l'eau.

Corbeilles et massifs de fleurs.

Vers la dernière quinzaine du mois, on plantera en pleine terre les Tubéreuses, quelques Glaïeuls, des Lis. On visite les tubercules de Dahlias, de Balisiers, de Calladiums, et on les place sous châssis pour provoquer le développement des bourgeons.

On amende fortement les massifs destinés à recevoir les fleurs d'été, et on leur donne un premier labour.

Il ne faut pas négliger de donner un bon binage ou sarclage, aux bordures de collinsias, némophiles, etc., semées en février, sans oublier les corbeilles de jacinthes, de tulipes, d'anémones, de renoncules, etc., etc.

Serres et Châssis.

On donne de l'air aux plantes, mais principalement vers le milieu du jour; on multiplie un peu les arrosages, on bine la terre des pots, on rempote les plantes vigoureuses, on enlève les feuilles mortes et on bouture les Verveines, les Héliotropes, les Géraniums, les Anthemis, les Fuschias, les Agerates, les Sauges, les Coleus, les Gnaphaliums, les Nierembergias, etc., etc.

Si la douceur du temps est favorable, on peut sortir sans crainte de la serre les lauriers roses, les orangers, du moins sous notre ciel, sans toutefois les exposer au grand air, mais en les tenant devant la serre. Ce travail ne doit néanmoins se faire que dans les derniers jours du mois.

Il ne faut pas négliger de mettre des tuteurs aux plantes vigoureuses, et de pincer leur tige un peu de temps en temps. Les Bignonias Capensis et Jasminoïdes soumis à ce traitement donnent des fleurs en plus grande quantité.

En mars, la floraison des Camélias est dans tout son éclat.

CHAPITRE VIII

TRAVAUX DU MOIS D'AVRIL

Jardin potager.

Il n'y a point de mois dans le cours de l'année où il y ait plus à travailler au jardin que dans celui-ci, dit Latignie dans son immortel ouvrage « l'*Instruction sur les jardins*. » Or, ce que disait alors ce grand maître en jardinage est encore vrai de nos jours, car le mois d'avril est, plus que tout autre, l'époque du travail et de la peine, du succès et de l'insuccès. Bêcher, sarcler, arroser, faire des semis et repiquer les plantes, tel est le bilan des travaux du potager au mois d'avril, que je vais énumérer :

1° On continue à semer les choux Milan et toutes les variétés pour l'été ;

2° On sème successivement des radis ronds et demi-longs que l'on arrose tous les jours si la température l'exige ;

3° C'est le moment de semer les betteraves à écorce et les variétés champêtres. Mais celles qu'on doit préférer pour la table est, sans contredit, la variété dite à écorce, toujours plus douce et plus fondante que les autres variétés ;

4° Dans les premiers jours du mois d'avril, on sème des navets demi-longs, des chicorées blondes et frisées, mais en petite quantité ;

5° Des cordons de Tours, un bon légume pour l'hiver, pas assez cultivé dans nos contrées ;

6° On sème un peu de choux-fleurs, et vers la fin du mois des haricots flageollet verts, pour manger en aiguille ;

7° On provoque la jouissance des laitues d'été en faisant chaque mois un petit semis des variétés que l'on estime ;

8° On sème des épinards que l'on arrose de temps en temps, du cerfeuil pour les salades et usages divers, mais en petite quantité et à l'ombre, et des capucines potagères pour les conserves au vinaigre ;

9° On sème encore des carottes demi-longues, des salsifis, si toutefois ces plantes n'ont pas été semées en mars, des cornichons, des melons, des citrouilles, des blettes ou poirées;

10° On fait aussi, au commencement du mois, un premier semis de poireaux longs verts, de cèleri plein blanc et de cèleri rave.

On plante à demeure et en plein potager les plantes suivantes, en ayant soin, auparavant, de bien fumer la terre et de la bêcher profondément :

1° Des tomates, des aubergines, des piments, semés en février ;

Ces plantes seront abritées le soir à l'aide d'un paillasson ou d'une toile, si la température faisait craindre une gelée.

2° Des choux Milan hâtifs, semés en février, des laitues d'été et des romaines ;

3° Des choux de Bruxelles semés en février également ;

4° On bine, on sarcle souvent les plantations faites au mois de mars, et on tient les jeunes semis dans un état de propreté en enlevant soigneusement les herbes ;

5° On plante des oignons variés en planche ou en rigole ;

6° On replante les melons semés en mars ;

7° Si le temps est sec et chaud, on arrose les semis et toutes les plantations nouvelles, cela de préférence vers le milieu du jour.

Ressource du Jardin pendant ce mois.

On doit avoir en avril, à son service et en assez grande quantité, des épinards, des laitues de la Passion, des romaines de printemps, des choux d'York, cœur de bœuf, petit Milan frisé hâtif, des radis, des asperges, des artichauts, des choux brocolis.

Jardin fruitier.

La taille des arbres étant à peu près terminée en ce moment, les travaux du jardin fruitier consistent à visiter souvent les arbres, à les tenir dans un état de propreté à l'aide de fréquents binages, et d'assurer le succès des nouvelles plantations en traitant les arbres comme suit :

On fait autour de chaque sujet un évasement en forme d'entonnoir, en ayant soin, toutefois, de ne pas mettre les racines à découvert; on met ensuite par dessus une bonne couche de fumier à demi consumé, et si les chaleurs deviennent trop vives, on arrose au pied et sur les feuilles, le soir principalement. Le fumier ou paillis conserve la fraîcheur au pied de l'arbre et fournit de plus aux racines ses matières fertilisantes.

On commencera vers la fin du mois à soumettre au pinçage les bourgeons latéraux développés sur les branches de prolongement des poiriers, pommiers, pêchers, pruniers, etc., pour les convertir en rameaux à fruits ; on baguette les bourgeons de prolongement qui prendraient une direction mauvaise ou que le vent pourrait briser, et on veille attentivement au développement des yeux latents, sur lesquels on compte pour donner à l'arbre la forme à laquelle on le destine.

On termine les greffes en fente ordinaire et en couronne,

et vers la fin du mois on ébourgeonne les greffes exécutées à l'automne et en février-mars.

Ressource du Jardin fruitier au mois d'Avril.

On peut encore avec des soins conserver jusqu'à cette époque les variétés de poires et de pommes suivantes qui, en cette saison, n'auront rien perdu de leur saveur et de leur qualité :

Poires : Bergamotte Espéren, Bergamotte fortunée, Beurré Perrault, Doyonné d'Alençon, Doyonné d'hiver, Léon Leclerc de Laval, St-Germain Vauquelin.

Pommes : Reinette franche, Reinette grise de Saintonge, Pomme d'Isle, Reinette de Caux.

Jardin d'Agrément.

Le jardin d'agrément, pendant ce mois, ne nécessite plus que des travaux superficiels, les principaux étant ou devant être terminés.

C'est le moment de planter avec succès les arbres à racines charnues, tels que : Magnolia grandiflora, Magnolia à feuilles caduques, Tulipier de Virginie, Azédarach ou Lilas d'Amérique, Sophora pleureur, Sophora du Japon, les arbres verts résineux, la reprise de ces arbres n'étant sûre qu'au moment où ils entrent en végétation.

Déjà vers la fin de ce mois les groupes et les massifs d'arbres et d'arbustes charment et réjouissent la vue par la variété du feuillage et l'aspect égayant des fleurs. Les Wegelias, les Forsythias, les Spirées variés, les Deutzias variés, les Boules de neige, les Lilas, les Seringas, les Cityses, les arbres de Judée, les Pêchers, Pommiers, Amandiers à fleurs doubles, ont épanoui leurs corolles, et répandent dans l'atmosphère leur suave et doux parfum.

Si cependant la végétation de quelques arbustes ou rosiers, nouvellement plantés, laissait à désirer, on l'activerait en labourant le sol à la surface et en répandant par dessus une bonne couche de fumier en guise de paillis, que l'on arroserait ensuite si le temps était trop sec.

Corbeilles et massifs de fleurs.

C'est le moment de tirer les graines de fleurs de leur gite et de confier au sol les espèces suivantes : Balsamines, Reines Marguerites, Scabieuses variées, Quarantains, Giroflées, Flox Drumondi, Pétunias, Œillets de Chine, Zinnias élégants, Coréopsis, Résédas, Œillets d'Inde, Amarantoïdes, Immortelles, Ipomopsis Coccinéas, Belles de nuit, Belles de jour, etc. etc., et toute la série de ces jolies plantes annuelles dont l'énumération serait trop longue. La liste que je donne ici renferme cependant les espèces les plus jolies, et celles que l'on doit préférer.

On favorise la germination des graines à l'aide de fréquents arrosages pendant les chaleurs ; on éclaircit le plan s'il est trop épais, on sort les mauvaises herbes, et vers la fin du mois ou au commencement on repique en place ou en pépinière, le jeune plant, suffisamment fort en ce moment.

Les Jacinthes, les Tulipes, les Anémones, les Renoncules, les Fritillaires, les Iris, les Jonquilles, les Narcisses, les Pensées, sont en fleurs pendant ce mois et brillent de tout leur éclat. Ces plantes seront arrosées de temps en temps si la chaleur est trop vive.

On fait une deuxième plantation de Glaïeuls, et on commence à diviser les tubercules de Dalhias et de Balisiers.

Serres et Châssis.

On donne de l'air aux plantes à mesure que la température s'élève en ouvrant les panneaux, les portes et les croisées des serres et de l'orangerie ; on ombrage, à l'aide de toiles ou de claies en bois, les plantes fleuries si le soleil est trop ardent, et on arrose selon les besoins.

On peut aussi, dans la seconde quinzaine du mois, sortir les plantes les moins délicates, que l'on rempote totalement ou en partie si les racines sont trop abondantes.

On continue à bouturer les Héliotropes, les Sauges, Fuschias, Géraniums, Verveines, et toutes les plantes de massifs que l'on tient sous cloche ou sous châssis pendant quelque temps.

CHAPITRE IX

TRAVAUX DU MOIS DE MAI

Jardin potager.

Il n'y a plus à différer un moment les travaux du potager qui n'ont pas été faits en avril, car ce mois réclame toute l'activité du jardinier. C'est que la végétation est dans toute sa force, et chaque coin du jardin nécessite des soins et un travail continu. Aussi doit-on s'empresser d'exécuter les semis suivants :

1° On sème des haricots à rames et des haricots nains, dans les premiers jours du mois ;

2° Des chicorées à larges feuilles et frisées ;

3° On fait un deuxième semis de cèleri rave, et cèleri plein blanc ;

4° On sème sur planche des choux-raves jaunes et des poireaux long vert ;

5° C'est aussi le moment de semer des choux-fleurs et des brocolis ;

6° On fait encore un semis de carottes demi-longues, de choux Milan, de laitues rondes et romaines ;

7° On sème des épinards que l'on tient constamment arrosés ;

8° Si le jardinier possède sous la main un filet d'eau, un réservoir peu profond, un fossé dans lequel l'eau circule continuellement, il en tirera parti en y semant du cresson de fontaine, bien supérieur et plus propre pour la table, que celui qui croît çà et là ;

9° On sème un peu plus de radis ronds et demi-longs, quelques cornichons verts, et des navets demi-longs.

On plante à demeure les légumes suivants :

1° On fait une petite planche de chicorées larges et frisées, semées au commencement d'avril.

2° On plante en ligne et en carré, ou sur les bordures, des choux Milan variés, des blettes ou poirées pour l'automne et l'hiver, et des poireaux semés en avril et à la fin du mois de mars ;

3° On replante les betteraves à écorce, si le plan est assez fort ;

4° On met en place des laitues rondes d'été, des romaines, soit isolément ou en planche, en ligne même entre les rangs de choux, de haricots, et dans le fond des planches de semis.

5° Il est prudent de planter encore quelques rangs de tomates pour la fin de la saison, des piments et quelques aubergines ;

6° On fait une seconde plantation de choux de Bruxelles, en ayant soin de fumer la terre auparavant, car les choux sont avides d'engrais et de fumier ;

7° On pince les premiers melons s'ils sont assez forts, et on met en place les choux-fleurs semés en mars ;

8° On met en pépinière les jeunes plants de choux variés, semés dans les premiers jours d'avril, trop faibles en ce moment pour être mis en place, trop épais sur la planche pour se développer ;

9° On ne doit pas, pendant ce mois, négliger les sarclages et les arrosages chaque fois que le besoin l'exige ;

10° On fait la taille des tomates plantées en avril, et on met un tuteur à chaque pied. Cette taille consiste à enlever avec soin tous les bourgeons qui se développent à la base de la tige principale, sur une hauteur de 0,30 à 0,40 centimètres. Les bourgeons conservés et les sommets des tiges sont pincés ensuite au-dessus des premières fleurs, cela dans le but de provoquer le nouage des fruits.

Ressource du Jardin potager au mois de Mai.

Un jardin potager, à peu près entretenu, doit fournir à la cuisine, et en assez grande quantité, des asperges, artichauts, pois, fèves, oignons, choux, laitues, carottes, radis, blettes, pommes de terre, etc.

Jardin fruitier.

Le travail le plus urgent à exécuter pendant ce mois au jardin fruitier, consiste à ébourgeonner, à pincer les bourgeons latéraux qui se développent sur le prolongement des branches de charpente, pour les transformer en rameaux à fruits, à palisser les palmettes, les cordons verticaux et horizontaux, à faire des entailles au-dessus des branches faibles, pour leur donner de la force, au-dessous pour affaiblir celles qui sont trop vigoureuses, à pratiquer l'incision longitudinale le long des branches faibles, à faire la chasse aux chenilles, aux insectes, aux limaces qui attaquent les fruits, et d'entretenir la propreté autour des arbres en les labourant au pied, car, ainsi que l'a dit Columelle, il y a deux ou trois cents ans. « qui laboure les arbres les prie de porter, qui les fume « les supplie. »

Ressource du Jardin fruitier pendant ce mois

Les poires et les pommes d'arrière-saison deviennent de plus en plus rares, car c'est tout au plus s'il reste encore au fruitier quelques échantillons des variétés suivantes :

Poires. — Belle Angevine, de Prévot, Besi des vétérants, fruit d'apparat, plus ornemental que bon cru, mais bon cuit.

Pommes. — Reinette franche,. Martrange, et souvent la Reinette de Caux.

Mais dans la dernière quinzaine du mois, on récolte les premiers fruits frais suivants :

Fraises : des 4 saisons ou de tous les mois, avec ou sans coulant ; fruit petit, rouge, allongé, ovoïde, parfumé, très-bon. Les fraises blanches de tous les mois ne sont autre chose qu'une variété de l'espèce principale.

Fraisiers à gros fruits. — Bristisch queen, Marguerite, Lebreton, Lucas, Comtesse de Mames, l'Inaltérable, l'Inépuisable, sir Harry, Elton, Victoria, Vicomtesse Héricart de Thury.

Cerise. — Angleterre hâtive ; cette cerise est la meilleure des variétés précoces.

Jardin d'Agrément.

Les travaux du jardin d'agrément sont, pendant ce mois, de peu d'importance. Les arbres et arbustes qui composent les massifs, sont couverts de feuilles et de fleurs, les labours sont terminés, les allées sont propres et sablées, partout respire le bon ordre, et le jardinier, tout fier de son travail, se réjouit à l'aspect gai et verdoyant des plantes qu'il cultive.

La seule besogne urgente à faire pendant ce mois consiste à faucher les gazons et à tailler, après la fleur, les Lilas, les Spirées, les Wegelias, les Groscilliers à fleurs, les Forsythias, etc., ces arbustes ne donnant de fleurs que sur le bois de l'année.

On peut, vers la fin du mois, commencer à greffer à l'écusson les rosiers sur églantier à haute et base tige, et on termine de diviser les touffes de Dahlias et de Balisiers.

Corbeilles et massifs de fleurs.

Les corbeilles et plates-bandes qui ne seront pas en ce moment garnies de Jacinthes, de plantes bulbeuses ou annuelles recevront dans les premiers jours du mois une bonne fumure et un bon labour, pour être plantées vers la fin du mois en Héliotropes, Verveines, Géraniums zonales, Pétunias, Sauges cardinales, etc., ou en plantes annuelles, comme les Zinnias doubles, les Œillets de

Chine, les Quarantains, les Phlox drumondi, Reines Marguerite, etc., etc.

On fait une troisième plantation de Glaïeuls, et cela dans la première ou dernière quinzaine du mois. C'est, du reste, en procédant ainsi, c'est-à-dire en faisant des plantations mensuelles de Glaïeuls, que les amateurs de ce joli genre de plante prorogent la jouissance de leurs fleurs jusqu'à l'automne.

On voit s'épanouir pendant ce mois les plus belles plantes vivaces qui ornent nos jardins, les plus beaux arbrisseaux qui peuplent nos bosquets, sans oublier les roses, ces reines des fleurs du mois de mai.

Serres et chassis.

Vers le 20 du mois de mai, on peut sortir sans crainte la majeure partie des plantes de serres et d'orangeries, excepté les plus délicates, pour lesquelles on attendra les premiers jours du mois de juin.

Avant ou après la sortie des plantes de la serre, on rempote celles qui ont besoin de nourriture, on baguette, on taille, on pince le sommet des tiges qui ont une tendance à s'emporter, et on continue le bouturage.

Il est temps de mettre en pot les boutures faites en avril et de terminer les derniers semis.

En mai, les Pélargoniums élégants, simples et doubles, les Héliotropes, les Calcéolaires ligneux sont en fleur, sans compter une foule d'arbustes de serres, à bois dur, comme les Pimelées, les Azalées de l'Inde, les Rhododendrums, les Métrosidéros, les Polygalas, etc., qui viennent, par leurs fleurs aux nuances variées, grossir et embellir la phalange florale des beaux jours du mois de mai.

CHAPITRE X

TRAVAUX DU MOIS DE JUIN

Jardin potager.

Les travaux du jardin potager pendant ce mois sont, à peu de choses près, analogues à ceux du mois de mai. Ils consistent à entretenir les semis, à regarnir pour l'été les vides du jardin, afin que les légumes ne manquent pas à la maison. Mais il est bon de semer encore comme supplément les graines suivantes, car il est prudent d'avoir constamment à sa disposition des plants toujours bons à repiquer en place :

1° On sème un peu plus de chicorées larges feuilles et frisées pour en avoir à replanter en juillet ;

2° Des choux-fleurs pour l'automne, des choux brocolis pour le printemps suivant, et quelques choux Milan ;

3° On sème des haricots à rames pour manger en grain et en vert (en aiguille, comme on dit à Paris) ;

4° On fait quelques sillons de pois pour le mois d'août ;

5° On sème des carottes demi-longues, des laitues d'été, des radis, des navets demi-longs ;

6° On fait un dernier semis de choux-raves et de poireaux ;

Pendant le cours du mois, on plantera en bordure, en planche ou en carré, les légumes ci-après :

1° Des chicorées, des laitues, des cèleris-raves et plein blanc ;

2° Des poirées ou blettes, des choux Milan, et de Bruxelles ;

3° On rame les haricots, on met en place les choux-fleurs, et on fait quelques planches de poireaux semés en mars ;

4° On replante les cardons de Tours ;

5° On taille et on baguette les tomates et les aubergines plantées dans le mois précédent ;

6° On continue le pinçage des melons, des cornichons et des courges ;

7° Vers le milieu de ce mois, on enlève de terre les ails et les échalottes, que l'on met à l'abri pour l'hiver, en ayant soin de les nettoyer auparavant ;

8° On récolte les pois et les fèves de semences, suffisamment mûrs en ce moment ;

9° On continue les sarclages, on désherbe les carrés et les semis surtout, et si, comme cela a généralement lieu à cette époque, le soleil est trop ardent, on arrose ces derniers matin et soir ;

10° On lie avec des jones les chicorées pour les faire blanchir ;

11° On enlève les filets des fraisiers de tous les mois, et si on veut en avoir continuellement des fruits, on arrose une fois par jour les planches ou les bordures.

Ressource du Jardin potager pendant ce mois.

Le potager, en cette saison, doit fournir en quantité des choux, des laitues, des chicorées, des navets, des carottes courtes, des radis, des oignons, des pois, des haricots verts, des artichauts, du cerfeuil, etc., et des fraises en abondance.

Jardin fruitier.

On continue le pinçage des poiriers, pommiers et pêchers; on soumet à la torsion les bourgeons non pincés au mois de mai; on palisse les branches de prolongement des cordons et des palmettes, les bourgeons ou rameaux à fruits des pêchers, on maintient l'équilibre entre les branches de charpentes, et on continue à faire une chasse opiniâtre aux insectes nuisibles qui, pendant ce mois, s'abattent par nuées sur les arbres et sur les fruits.

Il est urgent, pendant ce mois, de biner au crochet les arbres nouvellement plantés et d'entretenir autour la plus grande propreté. Pas de terre durcie, encroûtée, pas un brin d'herbe au pied des arbres, si l'on veut obtenir d'eux une bonne et saine végétation.

Ressource du Jardin fruitier pendant ce mois.

Le mois de juin est le mois des premiers fruits frais de l'année. Aussi doit-on avoir au jardin en abondance les espèces suivantes, les meilleures qui mûrissent en ce moment :

Poires : de la St-Jean, St-Pierre, que l'on récolte quelques jours avant leur complète maturité ;

Cerises douces. — Belle d'Orléans, Duchesse de Palluau, Cœur de Pigeon, Belle de Choisy, Belle de Voisery, Guarrigue, Beauté de l'Ohio, Guine commune ;

Cerises acidulées ou aigrelettes. -- Atrochet, de Montmorency à gros fruits ;

Bigarreaux : de Mézel, Commun, Réverchon, Dawton, à gros fruits rouges, Jaboulay ;

Groseilles à grappes. — Groseille-cerise, de Hollande, à grappes rouges, commun à fruit blanc, commun à fruit rouge, versaillaise, gloire des sablons, chenonceaux, cassis commun à fruit noir ;

Framboisiers : Commun à fruit blanc, commun à fruit rouge, merveille des 4 saisons, rouge, merveille des 4 saisons blanc, Belle de Fontenay, Fastolf (bifrère).

Groseilliers épineux : A fruits verts, à fruits blancs, à fruits jaunes, à fruits violets, à fruits roses.

Jardin d'Agrément.

Le travail du jardin d'agrément consiste à tenir les massifs d'arbustes en labour, à couper les herbes, à nettoyer les allées, à faucher les gazons, à débarrasser les rosiers des fleurs fanées en coupant au sécateur le sommet des bourgeons, et à arroser les arbres qui paraissent en souffrance.

On continue de greffer à l'écusson les rosiers sur églantier à haute et basse tige, et dans les premiers jours du mois, on met en place les dahlias éclatés en avril-mai, soit en corbeilles ou en bordures sur le devant des grands massifs. Il est à remarquer que le dahlia n'est dans toute sa beauté qu'en automne, et que le planter au commencement de mai, c'est contribuer à le voir épuisé juste au moment où ses fleurs doivent être dans leur plus riche éclat.

C'est le moment de grouper en massif ou d'isoler dans les pelouses du jardin d'agrément les plantes à beau feuillage, comme les Balisiers ou Cannas, les Caladiums, Eucalyptus, les Ricins variés, les Solanums, si remarquables sous bien des titres, le Wegandia caracassana, l'une des plus belles plantes ornementales, sans compter une foule d'autres espèces non moins belles, dont l'énumération serait ici trop longue.

Ce travail peut s'effectuer du 15 mai au 15 juin, selon que l'état de la température sera plus ou moin propice. Mais il est préférable de le retarder un peu que de le faire trop tôt.

La place destinée aux plantes ornementales sera disposée en forme de petit massif, et fortement chargée de terreau, préalablement.

Labours assez fréquents dans les premiers jours qui suivent la plantation, et arrosages abondants au pied et sur les feuilles, le soir principalement.

Corbeilles et massifs de fleurs.

En juin, les corbeilles et toutes les parties du jardin réservées aux fleurs, nécessitent un travail des plus assidus. C'est le moment d'arracher les oignons de jacinthes, les tulipes, les anémones, les renoncules, les crocus, les iris, et toute la série des plantes bulbeuses et oignons qui fleurissent au printemps. Cela fait, on charge les corbeilles d'une bonne couche de terreau ou de fumier bien consumé, on bêche profondément, on passe le rateau, et, sans plus de retard, on refait les corbeilles, que l'on peuple des plantes suivantes :

Agerates bleues, pyramidales et naines, Anthemis, Sauge cardinale rouge et blanche, Héliotropes variés, Geraniums simples et doubles, Coleus variés, Gnaphalium lanatum, Niérembergie, Pétunias, Lantanas, etc.

On fait aussi une dernière plantation en bordures ou en corbeilles, de toutes les plantes annuelles semées en avril, et on répand sur le sol et autour des plantes un bon paillis de fumier à demi consumé : on arrose ensuite, et cela tous les jours si la chaleur l'exige.

Les bordures du buis nain recevront une nouvelle tonte quelques jours avant la St-Jean.

Serres et Ch sis.

Les travaux de la serre consistent à sortir sans exception les plantes qui n'ont pas été mises à l'air libres au mois de mai, à continuer les rempotages et les tuteurages, à tailler et pincer celles qui sont défleuries.

A la sortie de la serre les plantes préparées convenablement seront déposées dans un endroit bien aéré et ombragé, et afin d'éviter le dessèchement trop prompt de la terre et des racines, on les enterre à moitié pot dans une couche de sable de rivière.

On bine de temps en temps la terre à la surface des

pois, on enlèves les mauvaises herbes, on arrose au goulot et au pied, on bassine les feuilles à l'aide de la pomme d'arrosoir, mais, de préférence, le soir après la tombée du soleil.

CHAPITRE XI

TRAVAUX DU MOIS DE JUILLET

Jardin potager.

Redoubler de soins et d'activité pendant ce mois, faire en sorte qu'aucune partie du potager ne reste inculte, bècher, sarcler, enlever les mauvaises herbes, donner suite aux travaux du mois de juin, arroser copieusement, car les vives chaleurs l'exigent, tel est le bilan des principaux travaux à exécuter pendant ce mois. Mais il est important de semer en ce moment :

1° Des choux Milan, des chicorées larges et frisées, et un peu plus de carottes demi-longues ;

2° Des laitues variées, des radis, des navets, que l'on tient constamment arrosés ;

3° Des pois, des haricots à rames pour manger en août et septembre ;

4° On peut semer un peu d'épinards et de cerfeuil que

l'on arrose continuellement pour les empêcher de monter à graines ;

5° On récolte les graines de laitues, de chicorées, de scorsonères, de salsifis, de persil, et celles de toutes les plantes potagères susceptibles de mûrir en ce moment ;

On plante à demeure et en place les plantes suivantes :

1° Des chicorées, des laitues, des choux Milan, pour la fin de l'été ;

2° Des cèleris pleins-blancs, et cèleris-raves pour l'automne ;

3° Des choux-raves, des poirées ou blettes, des poireaux, des choux-fleurs semés en juin ;

4° On visite les melons, on pince, on taille, on enlève les rameaux inutiles, on incise légèrement les fruits contournés ou difformes, et on tourne les melons un peu avancés pour que le soleil les frappe dans tous les sens.

5° On fait une autre taille aux tomates, on pince l'extrémité des tiges, et on effeuille légèrement et avec précaution autour des fruits déjà formés, afin d'en activer la maturité ;

6° On attache les chicorées et les laitues pour les faire pommer et blanchir; on coupe ras de terre les appétits de Paris, trop durs en ce moment, que l'on bine et on arrose ensuite, pour faciliter la sortie des jeunes pousses.

7° Les pommes de terre semées en mars, non consommées en vert à cette époque, seront totalement arrachées en juillet ;

8° On met en rigole ou en pépinière les jeunes plants de choux variés, et on rame les haricots semés en juin ;

9° On divise les touffes d'artichauts et on met en place ou en pépinière les œilletons qui en proviennent. Ces derniers sont plantés à demeure au commencement du printemps suivant ;

10° Vers le 15 de ce mois, on fera une deuxième plantation de pommes de terre Early rose, pour l'automne, cette variété pouvant donner deux récoltes successives dans la même année et dans le même champ.

Ressource du potager pendant ce mois.

Il me paraît inutile d'énumérer les ressources du potager en ce moment, car à moins d'un travail mal entendu ou d'une négligence impardonnable de la part du jardinier, les chicorées, les laitues, les choux pommés, les haricots, les légumes de toute espèce, en un mot, doivent largement pleuvoir à la maison, pour être convertis en plats variés, au gré de la ménagère.

Jardin fruitier.

On surveille et on maintient l'équilibre de la végétation entre les branches de prolongement des pyramides et des palmettes, on visite les ligatures d'osiers que l'on desserrera s'il y a crainte d'étranglement ; on continue la chasse des insectes nuisibles, et on arrose les arbres qui paraissent chétifs et languissants.

Les Cerisiers cultivés en pyramides en vases ou en cordons seront, au commencement du mois, soumis au traitement suivant :

Tous les bourgeons développés au printemps sur les branches de charpentes et de prolongement non pincés à temps ou s'étant emportés de nouveau, seront taillés en vert à un ou deux centimètres de leur empâtement. Il résulte de cette taille, en ce moment, que la sève n'ayant plus assez de force pour faire développer les yeux de la base en bourgeons à bois, ces derniers acquièrent tout au plus une longueur de quelques centimètres et constituent pour le printemps suivant autant de petits rameaux à fleurs, qui se couvriront de fruits.

On cisaille les grappes de raisins en enlevant avec soin et à l'aide de tous petits ciseaux les grains trop serrés ou difformes, dont la maturité est d'abord fort douteuse, sans compter encore qu'ils deviennent toujours nuisibles aux grains biens constitués. Cette opération doit être faite de préférence sur les chasselas et les muscats.

Ressource du Jardin Fruitier en Juillet.

Poires. — Doyonné de juillet, Epargne, B. Giffard, Bon Chrétien d'été ou Canelle, Colorée de Juillet, Duchesse de Berry, Passe-friand.

Il est indispensable, en cette saison, d'entrecueillir les poires, c'est-à-dire de les récolter cinq ou six jours avant leur complète maturité. Sans cette précaution les poires d'été bettissent, deviennent cotonneuses et leur saveur est sans parfum.

Prunes. — Jaune hâtive, Monsieur hâtif, Monsieur jaune, Royale de Tours, Reine Claude ordinaire.

Pêches. — Avant-Pêche rouge, Avant-Pêche blanche, et vers la fin du mois, selon les années, les premières Madeleines rouges.

Abricots. — Angoumois, Commun, de Nancy, de Hollande, Précoce Espéren, du Piémont, Mauvin de Bergerac.

Cerises. — De Planchoury, de Spa ou Belle Magnifique, Royale tardive, Reine Hortense.

Raisins. — Madeleine blanche, Madeleine violette, d'Ischia, Morillon bicolor, Précoce musqué.

Jardin d'Agrément.

On travaille les massifs de Balisiers, de Calladiums, les groupes de plantes ornementales ou isolées, les Dahlias, et on taille ces derniers en enlevant tous les bourgeons qui se développent à la base de la tige principale, jusqu'à une hauteur de 0,30 à 0,40 centimètres. Pour obtenir des Dahlias une abondante et riche floraison, il ne faut laisser à la pousse qu'une seule et unique tige, que l'on tient soigeusement attachée au tuteur. Sans cette précaution le moindre coup de vent pourrait briser la tige, et retarder ainsi la floraison.

On ratisse les allées du jardin de temps en temps, on bine les massifs, on fauche les gazons, et on les arrose le soir à la tombée du soleil, si toutefois l'eau est à proximité. Ce travail s'exécute ordinairement à l'aide d'une petite pompe au bout de laquelle on adapte un long tuyau.

Corbeilles et massifs de fleurs.

Les massifs de fleurs et les corbeilles demandent en ce moment de fréquents binages, des arrosages matin et soir, et un entretien continue de propreté.

On pince les Coleus, on taille les bordures de Gnaphalium lanatum, on baguette les Glaïeuls, et on contreplante quelques Reines-Marguerite pour en retarder la floraison.

En juillet, dit un vieux proverbe, on marcotte les œillets. Il faut en effet profiter de cette époque pour bouturer à l'ombre ou marcotter sur place les œillets qui méritent d'être conservés et propagés.

Serres et Châssis.

Si l'on a conservé quelques plantes fleuries en serre, il ne faudra pas négliger de les ombrager en substituant aux panneaux en verre, des claies de bois ou des toiles à tissus peu serrés. Quant à celles placées en plein air, et à l'ombre, elles n'exigent plus en cette saison que des arrosages au pied, des bassinages, et quelques binages de temps en temps.

On peut activer la vigueur des plantes en pots en les arrosant une ou deux fois par mois avec un engrais liquide fait avec des matières fécales, des urines, des eaux grasses, etc., dans les proportions de un litre pour quatre litres d'eau.

On sème en terrine pendant ce mois les Cinéraires, les Calcéolaires, les Primevères de Chine et les Pensées.

CHAPITRE XII

TRAVAUX DU MOIS D'AOUT.

Jardin potager.

Le mois d'août, en jardinage, peut être considéré, avec raison, comme l'un des plus importants de l'année, à cause des travaux préparatoires que l'on a à exécuter au potager pour l'automne, l'hiver et le printemps. Il nécessite en outre une grande activité de la part du jardinier, car tout en donnant suite aux travaux du mois de juillet, il ne faut rien négliger pour conduire à bonne fin les légumes de toute sorte dont on attend la récolte avec impatience.

Les semis les plus urgents à faire pendant ce mois, et qu'on ne peut différer, sont les suivants :

1° On sème des chicorées à larges feuilles pour l'automne et l'hiver ;

2° On fait un semis de laitues de la Passion, de Romaines rouges et vertes, pour mettre en place à l'automne ou au printemps ;

3° Du 15 au 30 août, on sème des choux d'York, des choux Cœur de bœuf, des choux petit Milan hâtif, des choux Baccalau, pour le printemps également ;

4° A la même époque, on sème en planche des oignons de Niort blancs et de Madère ;

5° On fait un semis de navets demi-longs et de raves pour l'automne ;

6° On sème des mâches en planches, des pissenlits, que l'on utilise en salade en février-mars. On fait blanchir les pissenlits à la cave, et cela successivement pendant tout l'hiver ;

7° On sème des épinards et du cerfeuil pour l'automne. On choisit pour cela un coin bien ombragé, et on les arrose copieusement ;

8° On sème un peu de salsifis blanc. Semé en cette saison, le salsifis est très-bon à prendre en mars et avril de l'année suivante, et devient généralement plus gros que celui qu'on sème au printemps.

9° Ont fait un semis de pois pour les mois de septembre et octobre, que l'on tient constamment arrosé.

On plante à demeure les légumes suivants :

1° Des choux Milan variés pour l'hiver ;

2° Des choux Brocolis semés en juillet pour le printemps ;

3° Des chicorées à larges feuilles pour les mois de septembre et octobre ;

4° On fait quelques fosses de céleri plein-blanc pour l'automne ;

5° On récolte les oignons rouges et blancs, que l'on laisse essuyer à l'ombre avant de les mettre à l'abri pour l'hiver ;

6° On continue de lier les chicorées pour les faire blanchir, et cela selon les besoins de la consommation ;

7° On bine les choux-raves, les poirées, les poireaux, les choux, les salades plantés en juillet ;

8° Il ne faut pas négliger d'effeuiller de temps en temps les betteraves à écorce, les cèleris-raves, si l'on veut contribuer à faire grossir les tubercules ;

9° On travaille au pied les choux-fleurs destinés à être récoltés à l'automne, et on butte les cèleris plantés en juillet ;

10° On visite et on tourne les melons qui approchent de leur maturité, et on les préserve du contact humide du sol en les reposant sur une brique ou sur une planchette ;

11° On effeuille graduellement les tomates pour en activer la maturité, et on tourne les aubergines que l'on préserve de l'humidité en les plaçant également sur une brique.

Ressource du Jardin potager pendant ce mois

Au mois d'août le potager doit fournir en abondance : des haricots verts et en grains, des pois verts, des choux pommés, des chicorées, des laitues, des choux-fleurs, des tomates, des melons, des cornichons verts, des poirées, des poireaux, du cèleri plein-blanc, des fraises de tous les mois, des carottes, des radis, etc., et des courges jaunes grosses et de Hollande.

Jardin Fruitier.

On continue les opérations du mois précédent, on effeuille au nord et légèrement au soleil les fruits qui mûrissent pendant ce mois, on enlève les herbes, on bêche autour des arbres, et on fait la taille en vert sur les poiriers, pommiers, pêchers et pruniers, cultivés en tiges, en pyramides, en palmettes et en cordons. Ce travail ne s'effectue que vers la dernière quinzaine du mois.

On greffe à l'écusson et à œil dormant les abricotiers, les poiriers, les pommiers, les amandiers, les pêchers, les cerisiers.

Ressource du Jardin fruitier au mois d'Août.

Les variétés des fruits à préférer pendant ce mois, sont les suivantes :

Poires. — Bergamotte buffo, Poire pêche, Bon Chrétien Williams, Mme Treyve, Poire Boutoc, B. de Nantes, Monsalard, Duchesse de Berry, Monseigneur des Hons, Suprême de Quimper pour la table, Roi Louis le Petit, Rousselet de Reims, pour les confitures et les conserves à l'eau-de-vie.

Prunes. — De Montfort, Drap d'or d'Espéren, Jefferson, Mirabelle, Queen Victoria, Reine Claude d'Oullins, Reine Claude ordinaire, Robe sergent ou d'Agen.

Pommes. — Barowisky et Rambourg franc.

Pêches — Les variétés suivantes à chair non adhérente, doivent être dans tous les jardins : Belle Cartière, Belle de Doué, Double de Troye, Vigère, Grosse Mignonne, Madeleine rouge, Pourprée hâtive, Chevreuse hâtive. On peut cultiver encore les deux variétés suivantes à chair adhérente : Mirlicoton jaune, Pavie de Pompone, et les Brugnons blancs et rouges.

Raisins.—Chasselas Coulard, Fendant blanc, Jouannen charnu, Muscat noir du Jura, Chasselas doré.

6

Abricot. — Beaugé, c'est la meilleure variété tardive qui mérite d'être cultivée.

Jardin d'Agrément.

Les travaux du jardin d'agrément consistent, pendant ce mois, à ratisser les allées, à biner les massifs, à arroser les arbres en souffrance, les pelouses, à couper les gazons, cela de temps en temps.

On visite les massifs de Dahlias, de Balisiers, que l'on bine et arrose copieusement en ce moment, et on met des ligatures en jonc ou en osier, aux plantes qui en réclament.

On peut commencer à écussonner à œil dormant sur églantier et sur manetti les rosiers hybrides, perpétuels, thés, noisettes, Isle Bourbon, etc.

Corbeilles et massifs de fleurs.

Les plantes qui, en ce moment, garnissent les plates-bandes et les corbeilles sont couvertes de fleurs variées, et tout en flattant la vue des promeneurs, réjouissent le site et les alentours de la maison. Aussi doit-on continuer à les arroser copieusement, à les nettoyer sans cesse en enlevant avec soin les fleurs fanées et les feuilles mortes, et en mettant çà et là quelques tuteurs aux plantes retombantes.

Le commencement de ce mois est le meilleur moment de l'année pour diviser les touffes de pivoines, les Juliennes doubles, les Croix de Jérusalem, et l'Hoteia du Japon, et la majeure partie de ces belles plantes vivaces, qui ornent nos jardins.

Serres et Châssis.

Vers la fin du mois on commence le rempotage des plantes de serre, qu'on ne peut différer plus longtemps, car il est indispensable de leur donner le temps nécessaire pour la reprise avant leur rentrée dans la serre.

On repique en petit pot les jeunes plants de Primevères de Chine, de Calcéolaires, de Cinéraires, que l'on enferme sous châssis afin d'en assurer la reprise, et on les ombrage à l'aide d'une légère toile, si le soleil est trop ardent.

Les jeunes plants de Pensées semées en juillet seront repiqués également en pots ou en terrines, mais mieux sur planche, en pleine terre. Après avoir préalablement bien défoncé et terrauté le sol, on les arrose matin et soir, et pendant quelques jours on les abrite des rayons ardents du soleil, à l'aide d'une toile ou d'un paillasson.

CHAPITRE XIII

TRAVAUX DU MOIS DE SEPTEMBRE

Jardin potager.

Les travaux du jardin potager pendant ce mois perdent de leur importance et n'exigent plus de la part du jardinier les mêmes soins et la même activité qu'il a dû déployer pendant les mois précédents. Tous les coins et recoins du jardin sont en culture, les légumes abondent de toute part, les arrosages deviennent moins fréquents, il n'y a plus qu'à tirer parti de ces gros et bons légumes, que le jardinier récolte en souriant.

Il n'est pas cependant sans intérêt de semer, au commencement du mois, et en guise de supplément, les graines suivantes, dont on tirera toujours profit de quelques plants :

1° Une deuxième planche de laitues de la Passion et des Romaines ;

2° Un peu plus de choux d'York, de choux cœur de bœuf, de choux petit Milan frisé ;

3° Quelques planches d'oignons de Niort, de Madère et blanc bâtif ;

4° On sème encore des navets, des raves, des épinards et du cerfeuil ;

5° On fait un semis de radis longs et demi-longs pour l'automne ;

6° Quelques sillons de salsifis blancs, si la terre est humide ;

On continue de planter à demeure les légumes suivants :

1° De la chicorée pour l'hiver et quelques choux tardifs pour la même saison ;

2° On fait les dernières fosses de cèleri et on butte les précédentes, selon les besoins de la maison ;

3° On continue de lier les chicorées à feuilles larges et frisées pour les faire blanchir ;

4° On lie le sommet des choux-fleurs pour faire grossir et blanchir la pomme, et on butte les choux brocolis ;

5° On butte au pied les Cardons de Tours en relevant la terre dans tous les sens aux alentours de la touffe, et on relève les feuilles, que l'on empaille totalement pour les faire blanchir ;

6° On fait la récolte de toutes les graines de plantes potagères qui mûrissent en cette saison ;

7° On replante, pendant ce mois, les fraisiers des quatre saisons et à gros fruits, en planches ou en bordures, et on refait les bordures d'oseille, de thym, d'appétits, etc.

8° Si les jeunes plants de laitues de la Passion sont, vers la fin du mois, assez forts pour être replantés, on s'empressera d'en faire çà et là quelques bordures ;

9° On donne un dernier binage aux planches de poireaux, de blettes, de choux-raves, et on effeuille un peu les betteraves à écorce et les cèleris-raves.

Ressource du Jardin potager pendant ce mois.

Avant d'énumérer les plantes que peut fournir le jardin potager en cette saison, il est important de dire un mot sur la culture des choux-fleurs et des choux brocolis, que la plupart des jardiniers, praticiens et bourgeois, confondent très-involontairement.

Les choux-fleurs proprement dits, doivent être consommés en été et à l'automne. Pour cela on fait des semis successifs en avril, mai et juin, et l'on met le jeune plant en place à mesure que la force le permet. Ils aiment une terre meuble, légère, bien fumée, et réclament en été d'abondants arrosages. A l'aide de ces quelques soins, les tables peuvent en être abondamment fournies pendant la belle saison.

Les choux brocolis se sèment en juin-juillet : on les met en place de suite, c'est-à-dire quand le plant est assez fort. On les abrite en hiver avec une bonne litière, mais en ayant soin, auparavant, d'enterrer la tige jusqu'aux feuilles, ce qui est très-important, et on les consomme en mars et avril. De même que les choux-fleurs, il leur faut une bonne terre meuble, bien défoncée et bien fumée.

Le jardin potager doit fournir à la consommation pendant ce mois et en abondance des choux pommés, des laitues, des chicorées, des choux-fleurs, des salsifis, des radis, des épinards, des tomates, des melons, des cornichons, des courges, des carottes, du cerfeuil, des poireaux, des pois verts, des haricots verts et en grains, des fraises et des artichauts contreplantés en février-mars.

Jardin fruitier.

Le jardin fruitier, en septembre, ne réclame aucun soin particulier de la part du jardinier ; mais il est important de visiter souvent les arbres dont les fruits approchent de leur maturité. On donne de l'air aux poires qui se trouvent placées à l'intérieur de l'arbre en enlevant quelques feuilles, et on entrecueille les fruits de la saison pour les empêcher de blétir. Les poires entrecueillies sont apportées au fruitier, où elles mûrissent graduellement. Entrecueillir un fruit, c'est, nous l'avons dit, le récolter une dizaine de jours avant sa maturité. On ne doit pas négliger de faire la chasse aux oiseaux et aux insectes rongeurs qui, en ce moment, s'abattent sur les poires, les pommes et les raisins.

On termine les greffes de pêchers et d'amandiers, qu'on réserve toujours pour la fin de la saison, ces espèces jouissant encore en ce moment de toute la force de leur sève.

Ressource du Jardin fruitier en septembre.

Les meilleures variétés de fruits qui mûrissent pendant ce mois, sont les suivantes :

Poires. — Bonne de Zées, Frédéric de Wurtemberg, B. Superfin, Alexandrine Douillard, Fondante des bois, B. d'Amanlis, Louise bonne d'Avranche, Jalousie de Fontenay, Seigneur, Doyonné blanc, Doyonné gris, B. Goubault, B. Gris, Prémice d'Ecully, Mouillebouche, B. d'Albret. Vers le milieu du mois, on entrecueille les poires Duchesses d'Angoulême pour les consommer en octobre et novembre.

Pêches. — Variétés à chair non adhérente : Admirable, Belle Beaucé, Chevreuse tardive, Pourprée tardive, Téton de Vénus, Willermoz, Chancelière, Vineuse de Fromentin, et les Pavies rouges, Pavies blancs, à chair adhérente.

Prunes. — Coès golden drop, Tardive musquée, Reine Claude de Bavay, Washington, Dame Aubert, Pond's Seedling, Ste-Catherine.

Raisins. — Frankental, Chasselas Cioutat, Chasselas doré, Chasselas rose, Chasselas muscat, Corinthe blanc, Gromier du Cantal, Muscat d'Alexandrie, Muscat noir, Muscat rouge, Muscat blanc. Il est indispensable en ce moment de préserver du contact des guèpes et des frêlons, les grappes de raisins que l'on veut conserver, en les enfermant dans des petits sachets en crin destinés à cet usage.

Figues. — Blanquette, de Versailles (bifère), Marseillaise, Vernissangue ou Violette.

Framboisiers. — Les framboisiers des Quatre Saisons donnent en septembre une belle et abondante récolte.

Jardin d'Agrément.

Indépendamment du travail d'entretien auquel il faut toujours donner suite, c'est le moment de bêcher les pelouses défectueuses ou usées, d'en créer de nouvelles, et de semer les gazons. Quelques jours suffiront pour la germination des graines, et les jeunes plants deviendront à cette époque assez forts et trapus pour braver sans danger les rigueurs de l'hiver.

La saison est des plus convenables pour la plantation des arbres verts, résineux, des arbustes à feuilles persistantes et des plantes vivaces. Si on a en projet de créer de nouvelles plantations d'arbrisseaux et d'arbustes d'agrément, le moment est aussi très-opportun pour transporter les terres, créer les massifs et les corbeilles, et faire subir au sol tous les mouvements, toutes les ondulations que nécessite ce travail.

On termine les greffes de rosiers à œil dormant, qu'on n'aurait pu faire au mois d'août, faute de temps ou de sève.

Corbeilles et massifs de fleurs.

Les plates-bandes et les corbeilles de fleurs sont, en septembre, dans tout leur éclat et ne demandent que des arrosages, des sarclages et un entretien continu de soins et de propreté.

Serres et Chassis.

On continue le rempotage et la taille des plantes de serre, on rempote de nouveau les Cinéraires, les Primevères, les Calcéolaires, que l'on replace ensuite sous châssis. On bouture les Géraniums zonales, les Héliotropes, les Verveines, en pot ou en terrine, on les place sous châssis, on arrose, et on les ombrage un peu si le soleil est trop ardent. Ces plantes traverseront l'hiver sans difficulté, et seront très-convenables au printemps prochain pour mettre en pleine terre.

Les pensées repiquées en août, seront sarclées de temps en temps et replantées de nouveau si la végétation l'exige.

Les plantes délicates seront mises en serre vers la fin du mois, si la saison est pluvieuse ou humide.

CHAPITRE XIV

TRAVAUX DU MOIS D'OCTOBRE

Jardin potager.

A mesure que la fin de l'année s'approche de jour en jour, les travaux du potager deviennent de moins en moins importants et assidus. Aussi le jardinier doit profiter des loisirs que la saison lui donne, pour se livrer à une foule d'occupations diverses, indispensables à l'approche de l'hiver. Mais avant d'abandonner les travaux du jardin potager, il est bon de procéder aux opérations suivantes :

1° On sème des épinards et du cerfeuil, pour les mois de novembre et de décembre ;

2° On repique en place un peu d'oignons blancs ou de Niort, qui seront d'un grand secours en février-mars ;

3° On extrait avec les doigts l'herbe des semis d'oignons, de choux d'York, et Cœur de bœuf, sans oublier les planches de laitues.

4° On butte de nouveau les cèleris, et on continue à lier les chicorées, les laitues et les cardons pour les faire blanchir ;

5° On continue la plantation des fraisiers à gros et petits fruits ;

6° Les terrains légers et sablonneux destinés aux plantations d'asperges seront défoncés à 0,70 ou 0,80 centimètres de profondeur, pour être plantés en novembre ou vers la fin d'Octobre ;

7° Vers la fin du mois, on coupe les vieilles tiges d'asperges, on donne un léger binage, et on étend par dessus une bonne couche de fumier à demi-consumé ;

8° On butte encore les choux brocolis et on effeuille une dernière fois les betteraves à écorce et les cèleris-raves ;

9° C'est aussi le moment de refaire les bordures de thym, d'appétits de Paris, d'oseille, et de toutes les plantes condimentaires.

Ressource du Jardin potager en Octobre.

Les ressources du potager pendant ce mois étant les mêmes ou à peu près que celles du mois de septembre, il devient superflu d'en faire l'énumération.

Jardin fruitier.

Les arbres fruitiers, en cette saison, ne demandent plus

aucun soin du jardinier. C'est le moment de la récolte, car il est temps de rentrer au fruitier les poires et les pommes à maturité tardive, les coings, les cormes et les nèfles, travail qu'il ne faut jamais faire que par un temps sec, et cela dans la première quinzaine du mois.

Les terrains légers et profonds des coteaux et des plaines qui seront destinés à des plantations totales d'arbres fruitiers, ou à la création d'un jardin fruitier, seront soumis à un défonçage complet, pour être plantés vers la fin du mois ou dans les premiers jours de novembre. Dans les endroits où les plantations ne seront que partielles, on se bornera à ouvrir des trous de 0,80 cent. à 1 mètre carré, que l'on recomblera ensuite avec des gazons, à la demande de l'arbre. La profondeur du défonçage doit toujours être de 0,70 à 0,80 centimètres, mais jamais au-dessous de 0,60. C'est parce que la plupart du temps ces travaux élémentaires sont mal faits ou négligés, que l'on voit çà et là des arbres chétifs et rabougris ne donnant pas ou presque pas de fruits.

Ressource du Jardin fruitier en Octobre.

Les meilleures variétés de fruits qui mûrissent pendant ce mois, sont les suivantes :

1° **Poires.** — Sekle, Urbaniste, Duchesse d'Angoulême, Fondante de Charneu, Beurré Capiaumont, Howel, Nouveau Poiteau, Délices de Lowenjoul, Bon Chrétien, Napoléon, Ananas, Baronne de Mello, B. Bachelier, B. Hardy, B. Dumortier, Délice d'Hardempont, Conseiller de la Cour, Tompson's.

2° **Pommes**. — Belle Dubois, Belle du Hâvre, Belle Fleur, Cadeau du Général, Joséphine, Reinette dorée ;

3° **Raisins**. — La jouissance des raisins peut être prolongée sur les treilles jusqu'à la fin d'octobre, si on a eu le soin de les enfermer dans des sachets en crin, au commencement de septembre.

4° **Framboisiers**. — Les framboisiers des Quatre Saisons, à fruits rouges et à fruits blancs, donnent souvent, pendant ce mois, une récolte très-abondante.

5° **Pêches**. — Je ne connais qu'une seule variété de pêches mûrissant en octobre; elle est à chair adhérente, ce qui n'empêche pas que si le mois d'octobre est sec et chaud, ce fruit peut acquérir une assez bonne qualité.

Cerise. — Variété de la Toussaint, mûrissant en octobre, bonne selon les années.

7° **Coings**. — Coing commun, Coing de Portugal.

Jardin d'Agrément.

Les arbres, les abrisseaux, les arbustes du jardin paysager et d'agrément ont épanoui leur dernière corolle, et de toutes ces fleurs aux nuances variées qui, naguère encore, faisaient les délices du paysage, il ne reste plus qu'un faible souvenir. Mais si les fleurs ont disparu, l'aspect de ces massifs présente encore et en dépit de l'automne, des charmes non moins attrayants, car la majeure partie des arbres qui les composent ont changé la couleur verte de leur feuille pour des teintes rouges comme dans les chênes et les érables d'Amérique, pourpre comme dans le noisetier et le hêtre, sans compter encore l'effet produit par les jolis petits fruits jaunes, rouges, orange, des pommiers bacciformes des sorbiers des oiseaux, des ergots de coq, des buissons ardents et des arbousiers.

Aussi, et pour donner encore plus de relief à cette dernière coquetterie que nous offre la nature, à la veille de son déclin, le jardinier doit s'empresser de faire une dernière toilette aux massifs, aux allées, aux gazons, et d'enlever soigneusement les feuilles mortes qui tombent chaque jour, pour les convertir en terreau.

C'est aussi le moment de défoncer les terrains destinés aux plantations nouvelles, de refaire les bordures de buis, et vers la fin du mois, on peut planter sans crainte les arbres et arbustes qui manquent dans les massifs.

Corbeilles et massifs de fleurs.

Au commencement du mois, on relève de la pleine terre les plantes que l'on désire abriter pendant l'hiver, que l'on empote et place sous châssis. On relève et on met en pot les marcottes d'œillet faites en juillet, on rempote les boutures d'Héliotropes, de Géraniums, de Verveines, etc., faites en septembre, et on hiverne le tout sous châssis, en enterrant les pots aux trois quarts dans le sable.

Les plantes à beau feuillage groupées ou isolées dans les pelouses au mois de juin, seront relevées de la pleine terre en octobre, pour être replantées en pots ou en paniers. Les Balisiers, les Calladiums, les Dahlias seront seuls exceptés, les tiges de ces plantes devant être coupées en novembre pour ne conserver que les tubercules.

Le moyen le plus simple pour conserver les Solanums, les Wigandias, les Ferdinandas, les Daturas suaveolem, etc., jusqu'au printemps prochain, consiste à les enlever de terre avec une forte motte et les planter dans un coin de la serre ou de l'orangerie, soit dans du sable ou du terreau. Ainsi traitées et arrosées de temps en temps pendant l'hiver, ces plantes se conserveront sans peine, et seront encore très-propices pour être mises en terre au printemps suivant :

On peut semer pendant le cours de ce mois et en bordures, des Némophylles bleues, des Colinsias bicolor, des Giroflées de Mahon blanches et roses, des Cinoglosses à feuilles de lin, des Alouettes pyramidales et naines, et en planches, pour repiquer des Phlox Drumondis, des Gueules de Lion, des Œillets de Chine variés, etc., etc.

En octobre, les massifs de Géraniums, d'Héliotropes, Verveines, de Pétunias, de Zinnias, de Phlox Drumondis, sont dans leur plus belle parure et couverts de mille fleurs. Il en est de même des Dahlias, des Balisiers, des Pentstemons, et de quelques autres plantes vivaces, notamment les Anémones du Japon, aux fleurs blanches et violettes.

Serres et Chassis.

Vers la dernière quinzaine du mois, on rentre dans l'orangerie les Lauriers roses, les Orangers, les Jasmins, les Myrthes, quelques Lauriers thym, les Polygalas, les Pittosporums, les Daturas, etc., etc., et dans la serre tempérée les Pélargoniums élégants, Fuschias, Héliotropes, Azaléas de l'Inde, Rhododendrums, Camélias, Calcéolaires, Libonias, Abutilons, Métrosideros, Daphnées, Pimélées, etc., et les Cinéraires et les Primevères de Chine, soigneusement rempotées, seront placées dans des coffres ou des châssis, où ils passeront l'hiver sans crainte.

Une fois en place, on bine la terre des pots à la surface, on enlève les feuilles mortes, on arrose de temps en temps, et on donne de l'air aux plantes si le temps est sec et chaud.

CHAPITRE XV

TRAVAUX DU MOIS DE NOVEMBRE

Jardin potager.

Les travaux du potager, en novembre, touchent à leur fin, et ne consistent que dans les détails suivants :

1° On continue à butter les cèleris plein-blanc, on arrache les cèleris-raves, que l'on met en jauge l'un devant l'autre et à bonne exposition, en ayant soin de les couvrir d'un paillis quelconque à l'approche des gelées ;

2° On arrache un peu de chicorée à larges feuilles et frisée, que l'on fait blanchir à la cave ou dans tout autre local ; les pieds doivent être placés l'un contre l'autre, la racine en l'air, et on les couvre de sable ou de litière. Une semaine suffit pour qu'elles soient blanches et bonnes pour la table ;

3° On coupe les montants des artichauts et on nettoie les souches, que l'on butte en relevant jusqu'à mi-tige la la terre tout autour. Ce travail ne doit se faire que par un temps sec.

4° On fait la récolte des betteraves à écorce, que l'on place dans le chai, dans la remise ou dans un coin de la cave : on enlève auparavant toutes les feuilles, et on les place dans le sable, l'une devant l'autre, d'où on les extrait selon les besoins.

5° Les Cardons de Tours sont aussi enlevés de terre avec leur motte, vers la fin du mois, pour être placés à l'abri de la gelée. On butte la base avec du sable, on empaille le sommet pour le faire blanchir, et cela encore à fur et mesure que la consommation l'exige.

6° Il sera prudent d'arracher et de mettre en jauge le long d'un mur exposé au midi, des navets, des salsifis, des carottes, des poireaux, des cèleris, dans le cas où de fortes gelées viendraient les altérer et en empêcher l'arrachage.

7° Vers la fin du mois on sème des pois Michaux, en sillons simples ou doubles, et cela à la distance de un mètre. On tire parti des intervalles qui existent entre les sillons en y plantant à demeure un ou deux rangs de laitues de la Passion qui seront d'un grand secours au premier printemps.

8° Du 15 octobre au 15 novembre le moment est des plus opportuns pour planter l'ail et l'oignon blanc, des fèves de marais ;

9° On termine de couvrir de fumier les couches d'asperges et on continue les plantations commencées fin Octobre, dans les terres légères.

Ressource du Jardin potager pendant ce mois

On a, pendant ce mois, des choux, des chicorées, des épinards, des cèleris, des laitues, des salsifis blancs, les dernières tomates, des poireaux, des poirées ou blettes, des radis, du cerfeuil, et toute la série des plantes condimentaires indispensables pour la table.

Jardin fruitier.

On continue le défonçage des terres profondes et légères, on procède à l'ouverture des trous, et on plante indistinctement des poiriers, des pommiers, des pruniers, des pêchers, des cerisiers, des amandiers, des abricotiers en haute et basse tige, sans oublier les groseillers, les cassis, les framboisiers. Un peu avant la plantation, on taille les racines de l'arbre, et si on veut en assurer la reprise, on le soumet au pralinage.

Le pralinage des racines consiste à mettre dans un baquet une partie de bouse de vache, une partie de matière fécale, un peu de terre, que l'on délaye avec de l'eau, mais mieux avec des urines. On convertit le tout en une bouillie un peu compacte, dans laquelle on plonge la racine des arbres, juste au moment de la plantation. Cette petite opération assure la reprise et favorise la végétation.

On laboure à la bêche les plates-bandes d'arbres du jardin fruitier, on amende à l'aide d'un compost de terreau, de fumier bien consumé, les arbres chétifs ou en souffrances, et on change la terre autour du pied.

C'est le moment de commencer la taille des arbres, les

élagages, de palisser les branches de charpente des pyramides, des cordons et des palmettes, de visiter les fils de fer de remplacer les lattis, les tuteurs, et de refaire les ligatures ou attaches.

Le jardinier profitera des matinées humides et pluvieuses, assez fréquentes pendant ce mois, pour émousser les arbres, racler et enlever les vieilles écorces, et il chaulera les parties décortiquées de l'arbre, comme il a été dit au mois de janvier.

Ressource du Jardin fruitier en Novembre.

Les meilleurs fruits qui mûrissent au fruitier pendant ce mois, sont les suivants :

Poires. — Graslin, Beurré Clairgeau, Van Mons de Léon Leclerc, Triomphe de Jodoigne, Beurré Diel, Epine du Mas, Nec plus Meuris, Figue d'Alençon, Doyonné du Comice, Doyen-Dillen, Doyenné Defais, Doyonné Sieulle, Soldat-Labour, Tompson's beurré d'Apremont.

Pommes. — Bauty of Kent, Belle Fleur, Châtaignier, Grand Alexandre, Grosse Luisante, Ménagère, Reinette de Grandville.

Raisins. — On doit avoir au fruitier du Chasselas doré en abondance et quelques autres variétés que l'on a eu le soin de rentrer à temps.

Sorbes et Nèfles. — La meilleure Sorbe ou Corme est la variété à gros fruit comestible ; la meilleure Nèfle est celle à gros fruits. Ni l'un ni l'autre de ces fruits n'est réellement bon que lorsqu'il est complètement blet, ce qui a lieu en octobre et novembre.

Amandes. — Les variétés d'amandes que l'on doit préférer sont les suivantes :

Des Dames, à gros et petits fruits, Virgule. Ces trois variétés sont à coque tendre. Ces fruits étant consommés pendant le cours de l'hiver, il serait superflu de les mentionner de nouveau.

Jardin d'Agrément.

On procède pendant ce mois aux travaux suivants :

Dans les premiers jours on coupe les tiges et on arrache les tubercules de Dahlias, de Balisiers, de Calladiums, que l'on laisse essuyer au soleil, avant de les placer définitivement dans l'orangerie. On plante les arbres forestiers, les arbres d'alignement et toutes les espèces et variétés d'arbrisseaux et d'arbustes, excepté cependant les arbres à racines charnues, signalés au mois de janvier.

Le mois de novembre est le plus opportun pour la plantation des rosiers à haute et basse tige. Aussi doit-on s'empresser d'exécuter ce travail en ce moment, si on veut être sûr d'un succès complet dans la reprise. De plus, les rosiers plantés à cette saison donnent au printemps une floraison bien plus abondante que ceux qu'on replante en janvier et février. Les amateurs ont donc double intérêt à ne pas laisser passer cette époque.

On commence, pendant ce mois, à travailler les massifs d'arbres, d'arbustes, de rosiers, on découpe à la bêche les bordures de gazon, on procède aux changements des massifs qui paraissent nécessaires pour l'harmonie du jardin, on déplante les arbres mal placés dont la position est nuisible au paysage, on refait les massifs de plantes vivaces épuisées, en ayant soin pour cela de renouveler la terre, et on continue les défonçages et les transports de terre commencés en octobre.

Corbeilles et massifs de fleurs.

Les plates-bandes et les corbeilles sont l'ornement par excellence des alentours de la maison. C'est l'ancien parterre jeté çà et là dans les pelouses que l'on ne doit pas négliger si l'on veut avoir des fleurs. Aussi le moment est venu d'exécuter ici les travaux suivants :

On arrache sans pitié toutes les plantes d'été qui en ce moment n'offrent plus le moindre charme, et après avoir auparavant amendé les corbeilles avec un bon terreau et donné un bon labour, on replante en place les plantes bulbeuses et les oignons à fleur dont les noms suivent : Jacinthes de Hollande, Tulipes simples et doubles, Crocus variés, Fritillaires de Perse, Iris, les Anémones, les Renoncules, les Scilles, les Narcisses, Jonquilles , etc., etc. Toutes ces plantes fleurissent au printemps, et forment l'avant-garde des phalanges florales de l'été.

Les fleurs en cette saison deviennent de plus en plus rares et l'on ne voit plus au jardin que les Chrysanthèmes, quelques tardifs Pentstemons, des Asters, et çà et là, mourantes et chétives, quelques plantes d'été respectées par la rigueur de la saison.

Serres et Châssis.

Tous les soins consistent à donner de l'air aux plantes chaque fois que le temps le permet, d'entretenir la plus grande propreté, d'arroser avec modération vers le milieu du jour, et de couvrir les serres et les châssis si les gelées sont à craindre.

Le jardinier profitera des jours de pluie pour faire des paillassons et des abris, qui, en temps de gelée, lui seront d'un grand secours.

CHAPITRE XVI

TRAVAUX DU MOIS DE DECEMBRE.

Jardin potager.

La neige et les grands froids étant à redouter pendant le cours de ce mois, on s'empressera d'arracher à temps les plantes suivantes que l'on mettra en jauge ou en rigole dans le sable, soit dans une chambre affectée à cet usage ou à la cave, mais toujours à l'abri de la gelée :

1° Cèleri plein-blanc, navets, raves, carottes, salsifis, scorsonère, choux pommés, poireaux, chicorées et choux raves. Les choux pommés seront en outre traités ainsi qu'il suit :

On les arrache de terre, on enlève les feuilles mortes ou gâtées, on les suspend au plancher de la cave du chai ou de la remise, à l'aide d'une petite ficelle, la pomme en bas. On peut, par ce moyen bien simple, avoir des choux pommés à son service jusqu'en février. Les derniers choux-fleurs pommés seront soumis au même traitement. A l'aide de ces précautions, les gelées ne surprendront plus personne, les provisions ne manqueront plus à la maison, et l'on ne s'exposera plus à voir ses produits complètement détruits par les gelées, comme cela a eu lieu pendant l'hiver si rigoureux de 1870-71.

On sème des pois Michaux et variés dans les premiers jours du mois, on plante à demeure et dans un coin bien abrité, quelques choux d'York, des choux Cœur de bœuf, petit Milan hâtif, semés au mois d'août, cela bien entendu si la température le comporte. Si les gelées s'accentuent davantage, on couvre de litière bien sèche les artichauts déjà buttés en novembre, on couche horizontalement les choux brocolis jusqu'aux premières feuilles, et on abrite avec des feuilles sèches ou des paillis toutes les plantes du potager susceptibles d'être atteintes par les gelées ou par la neige.

Le jardinier, en cette saison, doit utiliser son temps à transporter des fumiers, des terres, des engrais, dans les parties maigres du jardin, et à changer les dispositions qui lui paraîtront défectueuses.

Ressource du Jardin potager en Décembre.

Quoique les légumes à consommer pendant ce mois deviennent chaque jour plus rares, on doit avoir encore à son service des chicorées, des céleris, des cardons, des carottes, des salsifis, des choux pommés, des poireaux, etc., soit à prendre au jardin si la température le comporte, ou dans la chambre de réserve pendant les fortes gelées.

Jardin fruitier.

Les travaux du jardin fruitier pendant ce mois, sont, à peu de choses près, la suite des travaux du mois de novembre.

On continue les plantations des arbres fruitiers dans les terres légères, le défonçage des terres argileuses et calcaires, on émousse, on enlève les vieilles écorces des arbres, on chaule, et on continue les élagages et la taille des poiriers, pommiers, pruniers, pêchers, etc., si toutefois le temps est favorable.

Ressource du Jardin fruitier en Décembre.

Les poires et les pommes doivent être au fruitier en abondance, sans compter encore les raisins de Chasselas que l'on a dû mettre en réserve pour les jours rigoureux de l'hiver.

Les meilleures poires à consommer pendant ce mois, sont les suivantes :

Beurré d'Hardempont, Passe-Colmar, Beurré Millet, Orpheline d'Enghien, Fondante de Noël, Beurré de Luçon, Bergamotte Crassanne, Beurré Delfosse, Beurré Sterkman, Bonne de Malines, Zéphirin Grégoire, Besi de St-Wast, Anna Audusson, Colombia, Jaminette.

Les meilleures pommes sont les suivantes :

Calvilles blanches, Calvilles rouges, Doux d'Argent, Fenouillet ou Anis, Reinette de Canada, Reine des Reinettes, Coin, Gayette, Pomme Dieu. Museau de Lièvre, Bedford's hire'fund ling.

Les meilleurs raisins sont les suivants :

Chasselas doré ou de Fontainebleau, et Civaden.

Jardin d'Agrément.

Si l'on n'a pas à compter avec la neige et les fortes gelées, on continue les plantations d'arbres forestiers, d'alignement, d'arbustes et d'arbrisseaux, on termine les changements à apporter dans la disposition des allées et des massifs, on pousse activement les nouveaux travaux, on taille et on élague les arbres et les arbustes, on défonce les vieux gazons, on bêche les massifs, on fume et on apporte du terreau dans les parties maigres du jardin, on taille les gazons autour des arbres isolés dans les pelouses, et on travaille au pied les arbres des avenues.

Dans les premiers jours du mois, on buttera avec du sable de rivière les touffes d'Erythrine à crête de coq, et on jettera par dessus une bonne couche de fumier, cela sans couper les vieilles tiges, et si les froids deviennent plus intenses, on en augmentera la quantité. On prendra les mêmes soins pour les touffes de Pentstemon, de Poivoines herbacées et en arbres, et de toutes les plantes vivaces laissées en terre, susceptibles d'être détruites par les gelées.

Corbeilles et massifs de fleurs.

On termine les plantations de Jacinthes, de Tulipes, de

Renoncules, d'Anémones, et de toutes les plantes bulbeuses qu'on n'aurait pu mettre en place en novembre.

Les plates-bandes et les corbeilles plantées en oignons à fleurs ne nécessitent plus aucun soin particulier pendant ce mois, mais il est prudent à l'approche des grands froids, de répandre par dessus une bonne couche de feuilles ou de paillis, que l'on enlève au premier beau temps.

Les fleurs, en décembre, sont rares au jardin, et l'on ne rencontre plus çà et là que celles des Hellébores, des petites Jacinthes blanches et simples, sans oublier cependant les fleurs du Calycanthe précoce, du Néflier du Japon et du Laurier-thym.

Serres et Chassis.

On renouvelle l'air de la serre et des châssis en relevant les panneaux, on donne un peu de lumière aux plantes en enlevant les paillassons quelques heures, et l'on remet le tout en place, un peu avant le coucher du soleil.

Il est indispensable d'enlever avec soins les feuilles mortes des plantes, les herbes qui viennent dans les pots, de travailler un peu la terre à la surface et d'arroser avec modération. On chauffe fortement si les gelées augmentent.

Les Héliotropes, les Daphnés, les Libonias, les Polygalas, sont en fleur pendant ce mois, et les Camélias sont sur le point d'épanouir leurs charmantes corolles roses, rouges, blanches et panachées. En cette saison lugubre et triste où tout est en repos à l'extérieur, reportons tous nos soins vers nos plantes de serres. Nous y trouverons encore des charmes, et le temps qui nous sépare des beaux jours passera plus vite et avec moins d'ennui.

Ici se termine mon humble tâche, qui a eu pour but de rendre facile et abordable à tous la culture du potager, du jardin fruitier, du jardin d'agrément, des serres et des châssis. Chacun de ces sujets demanderait, il est vrai, des volumes, mais comme il ne s'agit, dans ce petit traité, que de guider mensuellement l'amateur sur les principaux travaux que le jardin réclame, je lui saurai gré de suppléer par son intelligence et en se reportant sur des traités plus étendus, aux nombreuses lacunes que j'ai pu commettre.

FIN.

NOMENCLATURE

DES MEILLEURS LÉGUMES A CULTIVER

Au Jardin potager.

Ail. — L'ail commun que nous cultivons dans nos parages, de temps immémorial, est celui qu'on doit toujours préférer.

Artichauts. — Les variétés Vert de Laon, de Niort, violet, sont les meilleures.

Asperges. — Il faudrait renoncer sérieusement à l'asperge commune ou verte, pour ne cultiver que l'asperge violette de Hollande.

Aubergines. — La violette longue et la ronde sont à préférer.

Betteraves. — La meilleure pour salade est la Betterave à écorce.

Cardons. — Le Cardon dit de Tours est le plus avantageux des Cardons cultivés.

Carottes. — Les bonnes variétés à préférer pour la cuisine sont les suivantes: Courtes de Hollande, demi-longues ou Nantaise, et à la rigueur la longue rouge.

Cèleris. — Les meilleures sont : le plein-blanc, plein-rose et le cèleri-rave ou à pomme.

Cerfeuil. — Le commun est préférable au frisé.

Chicorées. — Les chicorées sont divisées en deux groupes : les frisées et les larges feuilles. Les meilleures chicorées frisées sont les suivantes : Frisée de Meaux, d'Italie ; les meilleures chicorées à larges feuilles, sont: la chicorée verte à larges feuilles, de Bergerac, blonde de Versailles.

Choux. — Les meilleurs pour le printemps sont : le choux d'York, Cœur de bœuf, Baccalan, petit Milan hâtif, frisé; les meilleurs choux d'été sont les suivants : Milan ordinaire de Bergerac, des Vertus, Pancaliers de Touraine. On les sème de février en juin.

Les bons choux pour l'hiver sont les suivants : de Vaugirard ou pommé d'hiver, à grosses côtes, non pommés. On les sème en juin-juillet.

Choux-raves. — Le choux-rave jaune est le meilleur.

Choux-fleurs. — Les choux-fleurs que l'on doit préférer sont : le demi-dur, le Normand, Impérial.

Choux-brocolis. — Le blanc e t le meilleur.

Concombres. — Le vert petit, à cornichon.

Epinards. — L'ordinaire et de Hollande.

Haricots. — Soissons nains, Flageollet à grains verts, nain de Hollande, de Soissons à rames, à Chapelets, haricots beurre.

Laitues. — On divise les laitues comme suit :

1° Laitues pour l'été : Blonde de Versailles, Blonde d'été, Bossin, Reine des laitues, Palatine.

2° Laitues pour l'hiver : de la Passion, Morine, Brune d'hiver.

3° Laitues Romaines de printemps : Verte hâtive, Romaine blonde.

4° Laitues Romaines d'été : Monstrueuse, Dorée blonde.

Les laitues pour l'hiver et le printemps se sèment en août et septembre; les laitues pour l'été, en février et juin.

Maches. — La mache de Hollande est supérieure à la commune.

Melons. — Sucrin de Tours, Sucrin de Bergerac, Càraba, Cantaloup prescot, Noir des Carmes.

Navets. — Tendre des Vertus, Blanc hâtif.

Oignons. — Rouge pâle, Jaune des vertus, de Madère, de Niort.

Pimprenelles. — La petite que l'on sème au printemps.

Poireaux. — Le long vert est le meilleur.

Poirées. — La variété blonde est celle qu'on doit préférer.

Pois. — Prince Albert, Michaux de Hollande, et les variétés recommandées en janvier.

Pommes de terre. — De la St-Jean, Early rose.

Radis. — Rond rose, rose demi-long, rose hâtif.

Salsifis blanc. — C'est le meilleur salsifis à cultiver.

Scorsonère d'Espagne. — Cette plante est assez connue pour en parler plus longuement.

Tomates. — La Tomate rouge hâtive, et surtout la tomate Trophy, que j'ai signalée et recommandée tout récemment dans la *Revue Horticole*, à Paris, est la meilleure des variétés à cultiver.

TABLE

www.ingramcontent.com/pod-product-compliance
Ingram Content Group UK Ltd.
Pitfield, Milton Keynes, MK11 3LW, UK
UKHW021235230726
13926UKWH00003B/1455

9 782013 622554